名优绿茶连续自动生产线装备与使用技术

罗列万　唐小林　叶 阳　龚淑英　著

中国农业科学技术出版社

图书在版编目（CIP）数据

名优绿茶连续自动生产线装备与使用技术 / 罗列万等著 . —北京：中国农业科学技术出版社，2015.10

ISBN 978－7－5116－2258－7

Ⅰ.①名… Ⅱ.①罗… Ⅲ.①绿茶－自动生产线－食品加工设备 Ⅳ.①TS272.3

中国版本图书馆 CIP 数据核字（2015）第号

责任编辑	闫庆健　鲁卫泉
责任校对	李向荣

出 版 者	中国农业科学技术出版社
	北京市中关村南大街 12 号　邮编：100081
电　　话	(010)82106632(编辑室)　　　(010)82109702(发行部)
	(010)82109709(读者服务部)
传　　真	(010)82106625
网　　址	http：//www.castp.cn
经 销 者	各地新华书店
印 刷 者	北京富泰印刷有限责任公司
开　　本	710mm×1 000mm　1/16
印　　张	11.5
字　　数	225 千字
版　　次	2015 年 10 月第 1 版　2015 年 10 月第 1 次印刷
定　　价	68.00 元

序

　　茶原产于我国。经几千年沧海变化、历久弥新，中国是当今世界上茶叶最大生产国和最大消费国，全世界饮茶的国家有 160 多个，总计 100 多亿人口。茶叶不仅是生活必需品，还有益于人体健康。

　　茶叶加工在整个茶叶产业链中占有十分重要的地位，不仅对茶产品分类、品质等具有决定性作用，也对茶产品质量安全有着直接影响。当前，中国茶叶加工正从传统农业的劳动力密集型向现代农业的技术密集型转变，加工升级和机械化、自动化管理已是发展的必然。名优绿茶连续化自动化加工生产线模式正处于茶叶加工领域的前列，已成为我国现代茶产业的发展方向。

　　为推动茶叶加工现代化发展的新成果，近年来，浙江省农业厅、中国农业科学院茶叶研究所、中华全国供销合作总社杭州茶叶研究院、浙江大学及茶机企业等，致力于名优绿茶加工工艺的创新完善和连续自动化加工生产线的研发推广和示范，总结形成了《名优绿茶连续自动生产线装备与使用技术》一书。该书涵盖了扁形、卷曲形、针芽形等我国多种类型名优绿茶的品质特征、工艺技术流程、设备选型方案以及设备操作维护要点等内容，对全国从事茶叶加工、加工装备研究设计的科技人员都具有较好的参考价值和指导作用。

　　工欲善其事，必先利其器。该著作的出版，将为推动茶叶加工与茶叶机械行业的发展发挥积极作用，也将为浙江乃至全国茶叶产业转型升级与可持续发展树立榜样和参考。

　　是为序。

2015 年 9 月 15 日于杭州　　　　陈宗懋

目　　录

概　　述

茶叶作为天然保健饮料，居世界三大饮料（茶、咖啡、可可）之首。茶叶是我国传统的优势产业。中国茶叶流通协会调查数据显示，截至 2013 年，全国茶园面积已达 258 万公顷，其中，采摘面积 195 万公顷；茶叶总产量达 189 万吨，总产值 1 106.2 亿元，均刷新了历史最高纪录。21 世纪前 10 年，我国茶叶产量内销量居世界首位，出口贸易量和出口值位居第二。目前，我国茶叶已出口到全世界 100 多个国家和地区，其中，绿茶作为主要产品占据世界绿茶市场 80% 以上的绝对份额，处于几乎垄断的地位。

浙江省为全国的产茶大省，其茶叶生产始于两汉、兴于唐宋、盛于明清、辉煌于当今。新中国成立后，特别是改革开放以来，浙江茶产业发展突飞猛进，产量产值均飞跃发展，2013 年，全省茶园面积 18.4 万公顷、产量 16.9 万吨、产值114.7 亿元。茶园面积、产值均创历史最高水平；产量也仅比历史最高的 2012年 17.5 万吨略低 3.4%。茶叶不仅成为关系全省 180 万山区半山区农民增收的支柱产业，也是建设绿色家园、美化乡村环境的生态产业；不仅成为扩大就业机会、提高生活水平的民生产业，也是传承和弘扬中华传统文化、助推社会文明和谐的文化产业。

我国茶产业能不断创造新的辉煌，除各级政府重视与各级财政大力支持，科技人员与茶农共同努力之外，茶类结构的合理调整、特别是名优绿茶的大力发展可谓功不可没。浙江省 1978 年开始挖掘、恢复历史名茶工作，经 30 多年的快速发展，2013 年全省名优茶产量、产值分别达到 7.1 万吨和 105 亿元，分别占全省茶叶总产量与总产值的 46.1% 和 91.5%。实践证明，名优茶逐步取代大宗茶成为浙江茶产业的主导产品，不仅推进茶业增长方式由数量型向质量效益型转变，为茶业增效、茶农增收作出了巨大贡献，同时也带动了茶休闲、茶旅游、茶会展及茶文化事业的发展，为茶产业、茶经济和茶文化的共同繁荣、协调发展奠定了坚实基础。

茶叶属于加工增值产品，茶叶加工环节在整个茶产业链中占有十分重要的地位。事实证明，浙江省茶产业的快速发展与茶叶加工技术的不断提升是紧密相关的。对茶叶加工而言，工欲善其事，必先利其器，制茶工艺的创新和提升固然重要，但茶叶加工机械的推陈出新发挥了更为突出的作用。例如，多功能理条机、扁茶炒制机等茶机产品的开发和产业化推广，大大促进了浙江省名优茶产业的发展，使名优茶产区迅速扩大，生产规模和经济效益大幅度提升。当前，茶产业将进入全面升级转型时期，茶机行业也将迎来更大的发展机遇，其中，经过几年的"试水"正渐入佳境的"名优绿茶连续自动加工生产线工艺与装备"，不仅标志着茶机产品的升级换代，也必将带来传统制茶模式的深度变革。今后一个时期，随着现代茶业进程进一步加快，规模化、标准化、连续化、自动化将逐步成为茶叶加工的"四化"主题，"多而杂、小而散"的传统茶叶加工模式必将被更加先进的现代加工装备所替代。

第一节　茶叶加工装备的演变与发展

茶叶历史上最早作为药用、食用，到"二汉"才逐步采用饮用方式，茶叶加工于唐代开始发展。据《浙江茶叶志》记载，自唐至清的 1 000 多年间，浙江茶叶加工基本上只有绿茶一个茶类，到了晚清，才有红茶和乌龙茶。茶业发展的历史过程，也是茶叶生产技术不断进步和茶类推陈出新的过程，但从加工器械角度，历史上一直延用手工炒制方式，一般采用铁锅、木制茶床和竹制工具等，唐代团茶生产就是如此，明代以来的散茶炒制也一样；作为茶中珍品的贡茶完全靠手工炒制，一般商品茶也完全依靠人力加工。

新中国成立后，随着茶叶加工机械快速发展，茶叶生产才真正突破延续了上千年的茶叶手工炒制模式。

一、20 世纪 50 年代（1951—1960）

1949 年后，随着国民经济迅速复苏，茶叶生产对加工装备改进的创新热情也因此高涨，以人力、蓄力、水力与机电为动力的各种红、绿茶加工机具不断创制。特别是 1957 年以浙江余杭联增、红旗和建德群力等农业合作社以水力作动力、采用铁木结构的杀青、揉捻、解块、炒干等半机械化组套加工茶机的出现，实现了从试制简易木质揉捻机和单锅杀青机到成套铁质制茶机械设备的巨大进步。其后的 1958 年，由浙江省农、商部门组织，由中国农业科学院茶叶研究所、浙江农业大学、浙江省特产公司等联合研制的铁木结构的双锅杀青机、双动揉捻机、解块分筛机、瓶式炒干机与锅式炒干机等 5 种茶机成为了标志性的茶叶加工设备，并于 1960 年被正式定型为浙江 58 型绿茶初制机械，为浙江与我国绿茶初制加工彻底摆脱低效率的手工炒制方式，向机械化制茶过渡奠定了坚实基础，也标志了新中国成立后茶叶加工第一次深刻变革的到来。至 1959 年，浙江省共建立机械化初制茶厂 2 200 家，两年推广各种铁木结构的成套机械 7 000 多台套。这 10 年，出现了浙江省茶叶产量平均年增长率 46％的历史最高增幅，最终于 1960 年达到 3.17 万吨，如此高速增长，茶叶加工装备的进步起到了不可替代的作用。

二、20 世纪 60 年代（1961—1970）

这一时期，茶叶加工装备的技术改造与创新继续快速推进。1964 年我国第一家茶机专业生产厂家——杭州农业机械厂（后改名为杭州茶叶机械总厂）成立，由中国农业科学院茶叶研究所与杭州市机械科学研究所出技术人员，共同开发研制双锅杀青机、滚筒式杀青机、揉捻机、解块分筛机、往复锅式炒干机、圆筒式炒干机等绿茶初制机械 6 种，萎凋槽、盘式揉条机、盘式揉切机、解块分筛机、烘干机等红茶初制机械 7 种。同时也成功研制出了平面圆筛机、抖筛机、阶梯拣梗机、复炒机、风力选别机、切抖联合机、切茶机、滚筒车色机、匀堆装箱机等精制机械 11 种。此后，定型为"67 型"的初精制茶叶机械不仅为我国绿茶加工机械化做出了贡献，还出口到几内亚、马里、斯里兰卡和摩洛哥等国，并为非洲茶叶生产的发展做出了贡献。

这期间还研制了四锅式杀青机、255 型揉捻机、瓶式炒干机、小型自动烘干机等加工装备。尤为值得一提的是，1968 年珠茶成形炒干机（珠茶炒干机）研制成功，使珠茶初制干燥过程的炒小锅、炒对锅和炒大锅 3 道工序均实现了机械加工。该机械结构简单、性能稳定、操作方便，制茶质量大大高于手工炒制，并且一机多用，把大量制茶工人从繁重的体力劳动中解放了出来，深受欢迎。珠茶初制加工实现全程机械化后，每 50kg 干茶用工，由原先的 6.25 工，下降到 0.52 工。从此，珠茶的手工炒制完全被机械加工所替代并迅速普及到各珠茶产区。

至 20 世纪 60 年代末期，浙江省眉茶、珠茶等绿茶生产基本实现了机械化加工，标志着新中国成立后第一次茶叶加工变革的完成。

三、20 世纪 70 年代（1971—1980）

这一时期，以手拉百叶式烘干机为代表的条红茶加工机械研制成功，并在浙江绍兴地区得到了全面推广，不仅使绍兴地区的"越红"走红，也使浙江省具备红茶大量机制生产的能力；同时，浙江金华 6CZX-15 隔离式窨花机的投产，也大大提高了花茶生产的机械化水平；尤为值得一提的是，6CR-55 型揉捻机获得了 1978 年全国科学大会奖励，进一步凸显了浙江省在茶机研发方面的实力与优势。

20 世纪 70 年代，在制茶机械不断改进与推广过程中，工艺优化与技术比武也起到了积极的推动作用。例如，在长炒青初制工艺特别是干燥工艺流程和炒法方面，当时各地积累了许多经验。但不同产区机型配套不同，炒法各异，所制长炒青品质风格也不同。为此，浙江省农业厅、浙江省茶叶公司、浙江省茶叶学会为总结交流各地经验，于 1979 年联合在浙江临安举办由余杭、富阳、淳安、临安、泰顺 5 个县参加的"长炒青炒制现场比武"。通过现场比武，促进了各地初制机具和初制工艺的改进和完善，提高了茶叶品质。

在茶叶精制机械方面，开展了精制机械联装流水线的研究，先后成功研发推广了眉茶辉炒和车色的炒车联合机、茶叶匀堆装箱联合作业机、联装的阶梯式拣梗机、茶叶静电拣梗机、上扬式风选机、电磁震动抖筛机、茉莉花茶窨制联合机等，促进了茶叶精制环节从单机操作向流水线作业转变，大幅度提高茶叶精制加工的劳动生产率、减轻了劳动强度。

1973 年，中国土产畜产进出口总公司为扩大蒸青茶对日本出口的需要，从日本引进 6 套煎茶设备，其中，有 2 套分别安装在浙江金华蒋堂农场（60K 型）和杭州茶叶试验场（120K 型），所制煎茶全部出口日本。这是首次引进的茶叶初制连续化、自动化加工设备，也是最早应用的初制过程茶叶不落地这一清洁化生产线加工的样板。

随着茶叶生产的发展和茶机的推广，到 1979 年，浙江省有 18 个国有精制茶厂和 13 个国有茶场建立了初、精制联合加工茶厂或车间。1980 年前后，浙江省又新增 200 多个乡（镇）办、村办的初、精制联合加工茶厂。

茶叶机械加工技术的全面推广与工艺改进，大大促进了茶叶生产的发展，到 1980 年浙江初制茶厂已达 8 000 余家，为浙江现代制茶工业的发展奠定了坚实的基础。

四、20 世纪 80 年代（1981—1990）

随着浙江省农业厅提出"茶叶生产要多茶类、多渠道、多口岸"的"三多"战略方针和"开发名优，调整茶类结构，由产量型向质量和效益型转移"等多项措施，开始全面引导恢复历史名茶和创制新名茶，名优茶开发成为这时期的热点，加上 80 年代中期"卖茶难"问题的出现，名优茶加工机械研制也应运而生。

20 世纪 80 年代，以浙江临安"四联灶"、省柴灶、远红外电锅、节煤炉芯等为代表的制茶节能技术的开发、推广也备受关注；此外，分选机、静电拣梗机等设备的成功研制，使得绿茶精制加工设备得到了较大提升；同时，在政府重视出口茶生产情况下，也开展了机械与工艺配套技术的专项研究，1983 年 2 月 22 日至 5 月 21 日机械工业部、商业部、对外经济贸易部、农牧渔业部联合专门在浙江余杭县平山农场组织进行了全国眉茶初制炒干机对比选型试验，结果以杭州茶机总厂，绍兴和富阳茶机总厂联合的两个机组加工的毛茶品质为优；制茶工艺性能综合评定，以烘、炒、滚流程最佳。从此，眉茶初制全程成套机械设备与加工技术基本定型，并在大多数茶产区推广应用。

80 年代，浙江省率先开展的连续化生产设备的研制。浙江农业大学胡建程教授等完成了"毛峰茶加工全程机械化"技术的研制，该项目还于 1990 年获省教委科技进步奖三等奖。1980—1981 年，由浙江农业大学和临安茶叶机械厂、富阳茶机分厂协作开展了《绿茶初制连续化成套设备研究》，该项目还于 1982 年获省优秀科技成果四等奖，但当时由于各种原因尚未投产使用。

五、20 世纪 90 年代（1991—2000）

1991 年，衢州 "微型名优茶加工成套设备" 研制成功，为茶叶加工技术的第二次变革（名优茶机制）拉开了序幕。此后，名优茶加工配套技术研究在各地开展，以多功能理条机为代表的名优茶机械也开始在浙江全面推广。

1994 年浙江省农业厅与浙江省茶叶学会联合在衢州召开了机制名优茶学术研讨会，形成了关于名优茶发展的 "紧紧依靠科技进步，走'机械化加工'之路，提高劳动生产率，降低生产成本，形成新的支撑点和增长点，促使浙江名优茶生产再上新台阶" 的共识；1995 年浙江省农业厅又主持召开了机制名优茶技术交流会，拍摄完成了《名优茶机械加工》电视科教片，有力地促进了全省机制名优茶机械与名优茶机制工艺的推广应用；1995—1996 年浙江省农业厅又主持完成了《名优茶机械化加工技术研究与推广》课题，总结提出了机制名优茶加工较成熟的技术规范；1997 年正式提出组织实施 "机制名优茶工程" 的战略决策，确定衢州市微型茶机厂生产的上洋牌 6CST 系列滚筒杀青机、6CZB 系列扁茶成形机、6CLZ-60 型振动理条机、6CDM 系列名优茶多用机，八达机械（绍兴）有限公司生产的 6-CDM-55 多功能名优茶炒干机，嵊州市特种名茶机械厂生产的叶峰 6CM-43 型针、扁形茶两用炒制机为重点推荐名茶炒制机械。至此，基本完成了扁形茶、针形茶、毛峰茶等几种主要类型名优茶加工机械的开发。特别是 1994 年以后，小型高效实用多功能机的推广，使浙江省名优茶加工机械进入千家万户，掀起了 "机制名茶热"。1997 年浙江省已推广应用各类名优茶机械 9 012 台，机制名优茶产量达到 4 820 吨，产值 2.3 亿元，年节约加工成本 2 000 余万元，年增收 3 000 余万元。

这一时期，名优茶加工实现了从手工炒制到半机械与半手工，再到全程机制的根本性转变，为浙江名优绿茶的规模化生产打下了坚实的基础，促进了名优茶的大发展。期间，《中国茶叶加工》《名优茶·工艺·机械》等一批专业杂志的相关名优茶机制学术文章的发表也对名优茶加工技术提升和推广起到了积极作用。至 2000 年，浙江省名优茶产量、产值已达 2.8 万吨和 17.4 亿元，分别占全省茶叶总产量与总产值的 19.6% 和 61.8%。茶叶加工装备的进步确立了名优茶在浙江省茶业经济中的优势地位，也为浙江绿茶向质量、效益、品牌转型发展打下了坚实基础。

六、2001 年以来

茶叶加工装备的发展进入了全盛时期，名优茶产业化配套技术得到了全面应用，名优茶加工机械升级换代加快，连续化、清洁化生产技术取得了重大突破。2003 年，浙江省开始组织实施茶厂优化改造工程，这项以改变名优茶加工过于分散、规模小、设备陈旧简陋、生产场所卫生状况差等问题为目的,通过政策专项支持引导,根据新建一批、改造一批、淘汰一批的原则,整合加工资源,茶厂规模从 8 000 多家整合为 5 000 家,建省级示范茶厂 100 家为内容的工程的实施,也为浙江提升茶叶加工装备水平创造了契机。

2006 年,由中国农业科学院茶叶研究所叶阳设计研制的第一条名优茶连续化、自动化加工生产线:针形名优绿茶加工生产线在嵊州建成投产。其后,随着鲜叶摊放贮青机(专利号:ZL200520015394.4)、可调式连续理条机(专利号:ZL 201020128017.2)、快速冷却贮放机(专利号:ZL200520116841.5)、冷却贮叶槽(专利号:ZL200520116840.0)、一种茶叶加工的匀叶装置(专利号:ZL200920199019.8)、全自动连续名茶炒制机(专利号:ZL200710068566.8)、全自动连续茶叶炒干辉干提香机(专利号:ZL200710068567.2)、电磁滚筒杀青机(专利号:ZL201020157446.2)等先进设备的成功研制,以及中华全国供销合作总社杭州茶叶研究院郑国建主持的《绿茶加工新技术及设备的开发研究》(供销科字(2003)51 号)、中国农科院茶叶研究所叶阳与浙江省农业厅罗列万主持的《名优绿茶安全清洁连续化加工生产线关键设备及配套技术研究与示范》(浙农鉴字〔2010〕17 号)、中国农科院茶叶研究所江用文主持的《扁形和针芽形名优绿茶品质提升关键加工技术与集成应用》(浙技协鉴字〔2011〕第 91 号)等一批名优茶连续化加工技术成果的转化应用,名优茶连续化自动化加工生产线这一迄今为止最先进的名优茶加工生产方式,才真正步入快速发展和全面推广的轨道。

自动摊青室、可调式连续理条机、脱水及回潮多功能机、电磁杀青机、恒温热风自动翻板式烘干机、全自动连续化名茶炒制机及全自动连续茶叶炒干辉干提香机等关键设备对于克服名优茶连续化加工技术瓶颈发挥了重要作用。

1. 自动摊青室

在原有摊青机的基础上,采用外部独立密闭、内部多层网带连续输送框架结构的方式,室内运用空调、超声波增湿器等方法,结合温湿传感器与机电控制系统,具有自动上下鲜叶原料、三控(控温、控湿、控时)的特点,通过定时运行实现摊青过程中鲜叶原料的翻动。

2. 可调式连续理条机

改变传统理条机由单台纵向往复运动为双台横向往复运动,实现了在制品上料出料流畅;同时采用螺杆调节装置(手动和电动)达到槽锅倾斜度在线可调,达到在制品流量、流速可控,上叶口采用多层鲜叶分配条,实现均匀上叶。

3. 脱水及回潮多功能机

利用烘干机结构原理，采用供热风（脱水作用）或供冷风（冷却回潮作用）方法，可控制在制品留机贮放时间，适合多种名优绿茶产品加工工艺要求，保证产品品质。

4. 电磁杀青机

根据杀青机投叶量大小可自动调节加热功率，与上料机配合，可使杀青质量稳定，具有一致性，有利于茶叶标准化生产。可根据设定温度自动保持温度，温差较小。杀青机分区段控制，温度独立调整。能量转换效率较高，能量损耗较小。总用电功率与传统电加热方式相比大幅度下降。采用智能化控制，便于操作。

5. 恒温热风自动翻板式烘干机

传动系统及风扇循环系统采用直流无级调速电机。热交换器采用燃烧机和内胆，远红外线处理热能回收，热交换效率较传统大为提高，同时采用先进的自动温度测量反馈，操作技术要求较低，同时提高茶叶的烘干、提香效果，品质稳定，符合标准化生产要求。

6. 全自动连续化名茶炒制机及全自动连续茶叶炒干辉干提香机

有助于实现名优茶尤其是扁形名优茶全程自动加工，即在鲜叶杀青、理条、翻炒、成形连续化基础上，自动进行进一步的定形炒制、辉干、提香，能促使茶叶品质显著提高，并大幅减轻劳动强度，提高工效。

2010 年 11 月，余姚市姚江源茶叶茶机有限公司生产的电磁滚筒杀青机进入市场后迅速得到了用户杀青叶品质稳定一致、茶叶品质明显提升的应用反映，同时也标志了节能环保新技术开创性应用于茶机行业得到了充分肯定。到了 2012年电磁杀青新技术被延伸应用至 80-A 电磁滚筒杀青机、80 型燃油式滚筒烘干机、燃油式滚筒烘干机等茶叶加工设备之中。尤其是通过改进内置故障自诊断技术，使茶机售后维修升级到可以远程服务的水平。到 2014 年这些设备与技术已推广应用到浙江、江苏、安徽、湖北、湖南、四川、福建、云南、贵州、陕西等10 个省 200 多条名优绿茶加工生产线中。

同时，随着农机补贴政策全面惠及，名优茶加工机械的改造更新与推广应用步伐大大加快，2014 年全省拥有名优茶加工机械 30.2 万台，比 2005 年增加21.8 万台，增长 2.6 倍；名优茶机制产量 7.1 万吨，机制加工率达 98%，比2005 年同比提高 27 个百分比。

第二节　名优茶连续自动生产线现状与存在问题

一、发展现状

名优茶连续化加工生产线，系根据加工工艺要求，将单机进行组合，用输送带、提升机等传输设备进行单机之间的连接，形成流水线式加工生产，实现在制品加工全过程中连续不间断、茶叶不落地。生产线的控制系统采用了基于触摸屏（HMI）和可编程控制器（PLC）的 DCS 控制系统，既可保证生产线能全自动运行，同时又能手动控制，在遇到意外故障时能及时处理，保证生产运行，方便灵活，易于操作。

为满足国内茶产业加工向规模化、标准化、连续化、自动化发展的需要，目前我国各大茶叶机械生产厂家如：浙江上洋茶叶机械有限公司、浙江绿峰茶叶机械有限公司、浙江宁波姚江源茶叶茶机有限公司、浙江丰凯茶叶机械有限公司等在消化吸收国外现有加工技术的基础上，结合我国茶产业的现状，立足于自主创新将现代化工业技术成果集成应用于绿茶加工机械设备中，分别研制开发了各具特色的名优绿茶连续化自动化加工生产线。例如宁波姚江源茶叶茶机有限公司、浙江绿峰茶叶机械有限公司研发的与电磁内热杀青机相配套的自动化清洁生产线，可生产直条形、毛峰型和曲毫形等各种类型名优茶，工艺性能优越；浙江上洋机械有限公司等研制的由独具特色的高温热风杀青机、汽热杀青机相配套的自动化清洁生产线；浙江丰凯茶叶机械有限公司开发的针、扁二用形由名优茶连续化理条机、压扁机和辉锅整形机组成，可进行自动化控制的清洁化流水线。这些清洁化连续化生产线装备已经过多次改进、创新和提升，技术性能日臻完善；所加工的茶叶品质优，工艺质量稳定，产能大，操控方便。近年来，这些代表茶机行业最高技术水平和最新研发成果的机械设备，不但在浙江得到越来越广泛的应用，而且早已走向全国各茶区，为进一步提高我国名优茶产品的质量，提升加工能力，扩大加工规模，为企业进一步做大做强、推进名优茶品牌建设，都发挥着越来越显著的作用。

近年来随着我国各茶叶主产省对茶产业发展的扶持力度不断加大，名优茶连续化加工生产线的推广应用也得到了高度重视，四川、湖北、湖南、安徽、福建、云南、贵州、江西等省都已在 2010 年以来开展的名优茶连续加工生产线试点应用与推广工作。特别是浙江省，2012 年开始组织实施的标准化名茶厂工程，由于明确了重点建设的 100 家省级标准化名茶厂具备企业合法、环境优美、管理规范、品牌突出、规模生产、社会效益明显外，强调了必须具备名优绿茶连续化、自动化加工生产线的先进设备的条件，对浙江省扎实有效推进名优茶连续自动生产线的推广应用，起到了重要转折的作用。到 2013 年通过组织发动、主体申请、县（市、区）茶叶主管部门初审、推荐及市主管部门验收基础上，认定了杭州福海堂茶业生态科技有限公司、杭州萧山云门寺生态茶场、杭州余杭区径山四岭名茶厂、淳安千岛湖龙冠茶业有限公司、浙江千岛银珍农业开发有限公司、浙江天赐生态科技有限公司、杭州临安香雪茶业有限公司、宁波市北仑孟君茶业发展有限公司、宁波市鄞州大岭农业发展有限公司、余姚市姚江源茶叶茶机有限公司、余姚市屹立茶厂、余姚市四窗岩茶叶有限公司、奉化市雪窦山茶叶专业合作社、奉化市南山茶场、宁海县望府茶业有限公司、文成县日省名茶开发有限公司、文成县周山茶叶发展有限公司、泰顺县泰龙制茶有限公司、浙江银奥茶业发展有限公司、浙江德清县双丰茶业有限公司、德清莫干山黄芽茶业有限公司、浙江安吉宋茗白茶有限公司、浙江绍兴会稽红茶业有限公司、绍兴御茶村茶业有限公司、绍兴县玉龙茶业有限公司、诸暨绿剑茶业有限公司、上虞市觉农茶业有限公司、新昌县国昊农业开发有限公司、兰溪市兰乡龙雨茶业有限公司、东阳市东白山茶场、浙江茗宇茶业有限公司、浙江更香有机茶业开发有限公司、浙江乡雨茶业有限公司、衢江区大坪埂茶业有限公司、江山市十罗洋茶场、江山市花山茶场、开化县名茶开发公司、开化县菊莲茶业有限公司、开化金茂茶场、临海市羊岩茶厂等 49 家茶企被认定为第一批浙江省标准化名茶厂。

2014 年，在进一步强调了连续化名优茶加工生产线作的必备条件，又有临安市大洋茶业有限公司、桐庐云山银峰茶业有限公司、桐庐圆通寺茶叶有限公司、淳安千岛湖沁心茶叶专业合作社、杭州千岛湖硕园农业开发有限公司、宁波市鄞州区福泉山茶场、余姚市夏巷荣夫茶厂、乐清市茗西生态茶有限公司、长兴县大唐贡茶有限公司、长兴县和平基隆坞茶场、安吉峰禾园茶业发展有限公司、安吉县女子茶叶专业合作社、安吉千道湾白茶有限公司、安吉龙王山茶叶开发有限公司、绍兴市天香茶叶有限公司、嵊州市明山茶场茶叶专业合作社、磐安县清连香名茶有限公司、浙江省龙游翠竹茶厂、浙江龙游溪口吴刚茶厂、仙居县茶叶实业有限公司、缙云县轩黄农业发展有限公司、浙江碧云天农业发展有限公司、浙江卧龙湾农业开发有限公司、浙江景宁慧明红实业发展有限公司等 24 家配备名优茶连续化加工生产线的茶企通过了浙江省第二批省级标准化名茶厂认定，这也标志着浙江名优茶叶加工真正进入了一个全面向连续自动加工生产线水平转型提升的发展阶段。

至 2014 年，浙江省除 95 条蒸青茶之外、已有 103 家企业建成名优绿茶连续自动加工生产线 120 条，名优绿茶连续化加工生产线总产能为 1.1 万吨左右，2014 年名优茶生产线生产实绩为 4 580 吨，实现产值 11.28 亿元。

二、存在问题

尽管经过几年的努力，浙江一些茶叶加工企业的清洁化、连续化和自动化生产程度已接近国际水平，但从当前茶产业所面临的问题和发展需要来看，连续化名优茶加工生产线的建设还存有许多问题，有待进一步发展和完善。

1. 发展基础相对薄弱

我国种茶和手工制茶的历史十分悠久，但应用机械制茶仅百年左右的历史。横向比较，我国茶叶加工业，在众多的农产品加工业中，是比较落后的行业。20世纪50年代中期，茶与烟的加工业同时起步，今天的卷烟加工业已基本达到自动化水平，而茶叶加工仍处在机械化、半机械化、甚至手工炒制的水平。在日本，茶叶加工和加工装备已达到自动控制水平，即使在斯里兰卡等发展中国家，茶叶加工也已实现了生产的连续化。我国却由于缺少资金，及工业基础、加工设备不足，而放慢了研究和开发步伐。加工的落后制约了产品产业化和规模化发展进程。

从2013年浙江省主要产茶县（市、区）名优绿茶各加工方式的产值比重来看，15个主要产茶县（市、区）的名优绿茶生产仍以"机械＋手工"和"不联装全机械"两种生产方式为主，其中，"不联装全机械"生产方式创造的产值比重达90％以上的多达6个县（市、区），"机械＋手工"生产方式的产值比重达90％以上也有余杭区、长兴县两地；"联装连续化"生产方式的产值比重份额较小并多集中柯桥区、余姚市、武义县等地，且所占产值比例均低于20％；此外，部分产茶县（市、区）仍存在全手工的加工方式。以茶叶产值突出的安吉县、松阳县为例，"不联装全机械"生产方式创造的产值比重分别为96.7％、97.3％，"机械＋手工"生产方式创造的产值比重分别为0和2.7％，"联装连续化"生产方式创造的产值比重仅为3.3％和0，说明当前浙江省名优绿茶生产加工方式以机械化加工为主，但连续化生产线加工尚在起步阶段。

2. 对连续化名优茶加工生产线认识不一致，思想观念上存在偏差

客观上讲，配置一条连续化名优茶加工生产线需要较大投资，相比之下，延用单机作业确能减少茶厂在固定资产上的投入，节省成本。但从发展的眼光和战略的高度看，在茶叶加工企业各项开支中，建流水线属于性价比较高的投入，对于有实力、有规模、重品牌的茶叶龙头企业来说，更是如此。然而，由于受传统观念的束缚，不少地方仍存在认识上的误区，有的甚至将名优茶连续化加工生产线建设视同"面子工程"、"花架子"，因此，不少茶厂存在着"等、靠、要"的思想，即先冷眼旁观，即使别人已做出示范，也要靠政府给补贴，争取到了项目资金后才上马，完全没有意识到建设名优茶连续化加工生产线不同于一般的茶厂设备改造，它是茶业现代化的客观要求，也是茶叶加工模式深刻变革必然，未能视为茶叶企业实现升级转型的难得契机。总体看来，浙江名优茶加工生产线装备升级依旧任重道远。

3. 生产标准不统一，与流水线相配套标准化体系建设尚未建立

名优茶连续化加工生产线建设，意义重大，但毕竟起步较晚，发展时间不长，很多配套工作需要及时跟上，才能最大限度是发挥好其应有的效果。这当中，生产线相配套标准化体系建设则相对滞后。生产线的标准化体系应包括两个层面的内容：首先是工艺标准，这方面各地掌握的标准各不一致，不少茶厂生产线设备已上马，但工艺标准仍延续单机作业时的生产技术规程，"硬件"与"软件"不配套。这就需要有关部门整合技术资源，组织研发力量，加大对流水线工艺试验方面的投入，尽早分别制订出适应扁形、针形、条形等各种类型名优茶的连续化加工生产线加工技术规程。其次是生产线的各种茶机设备型号、性能，基本上是各茶机制造厂自定标准，缺乏通一行规。这不仅给茶机产品的维修带来不便，也不利于不同茶机厂同类机械产品的性能测试和比较，进而不利于在茶机行业内形成奖优罚劣机制，也难以给茶厂提供正确的设备选购意见。虽然，茶机厂的设备研发和改进值得鼓励，但对于一些较为成熟的设备，尤其是针对设备中的配件，应通过行业标准的建立，尽可能做成标准件，这将为用户带来极大的方便。

4. 加工生产线设备设计水平尚需进一步提升和完善，某些设备尚存在明显的技术问题

近些年来，加工生产线装备的研发取得了长足的进展，大大提升了茶叶机械的技术含量，如很多流水线设备实现了温湿度等主要工艺条件的实时检测、显示和控制，有的还应用触摸屏、PLC等控制技术，基本实现了制茶工艺的电脑数字化控制；采用生产线加工的名优茶，不仅在产品的卫生质量方面，即便是茶叶的感官品质也有不少超过了原有的单机作业加工方式。但也应看到，当前的加工生产线设备在一些工艺环节上，问题还比较突出，如有的输送不流畅，半成品容易粘在输送带上；有的设备工序间的台时产量不均衡，又缺乏缓冲，导致加工不流畅；某些设备的设计不合理，导致清洗困难等。此外，还有一个突出的问题，就是生产线设备的制造成本普遍较高，导致生产线总体定价偏高，也影响到了生产线的推广应用。

因此，不仅要从工艺与机械融合的角度考虑，也要从名优茶生产企业与茶机厂家利益一致的理念出发，不仅要共同从生产线装备设计上不断完善，加大研发投入，在机械产品的制茶质量上精益求精，进一步提高制茶技术性能，提高流水线装备的整体技术水平。还需要从名优茶生产企业成本承受、安全稳定性能保证及长期优势互补上多加合作，更需要茶机厂之间加强交流与合作，探索建立生产

线装备、售后护养等统一标准体系、创建服务联盟，努力生产线成套装备技术水平。

第三节　名优茶连续自动生产线展望

一、推广应用名优茶加工生产线之意义

名优茶加工生产线在浙江乃至全国的推广应用，虽然时间不长、推广面也不够大，但其积极的现实意义与长远意义已充分体现，主要有以下几方面。

1. 大大增强了茶叶质量与清洁化加工意识

通过近十年来茶厂优化改造工作的大力宣传与示范推广，茶叶质量安全意识全面增强。首先是茶叶是食品的观念已全面认识，充分认识到了茶叶安全与食品安全的等同地位；其次是茶叶加工必须在特定的场所已普遍认可，特别是地方标准 DB33/T 627-2007《茶叶生产企业场所与设备条件》颁布，不仅为推进茶厂QS 认证提供了重要依据，也为茶叶加工企业改善加工环境提供了参照标杆。其三是茶叶应该不落地加工已为大多数生产者接受，并对加工环节是有害微生物和重金属的主要潜在污染源之一的认识也得到广泛认同，全面推行茶叶标准化、规范化、清洁化加工工作正从被动走向主动。

2. 促进了茶叶质量与产品附加值的提高

茶厂改造促进了加工机械设备从单一、断续到组合、配套，再到连续化自动化流水作业的发展完善。应该看到，名优茶加工生产线的核心要义是，通过工序之间的串联，使整个茶叶加工工艺规范化、标准化，并把制茶工艺方面的最新研究成果通过机械设计模块化，这不但简化了操作，而且有力促进了加工工艺的改进与完善。同时，通过每年全面上岗培训，促进加工人员技术水平提高。设备的完善与加工水平的提高，促进了名优绿茶机械化水平的提高和茶产品品质的统一。调查显示：2006 年浙江省机制名优茶占名优茶总产量的比重达到了 76.9%，比 2003 年的 56.6% 提高了 20%；同时促进了中高档茶比重的提高，2007 年春茶全省中高档名优茶比重达 65%，比 3 年来的前期增加了 16%。产品质量的提高，带动了名优茶价格的上升，2006 年名优茶平均价为价 87 元/kg，比 2003 年的 65元提高了 33.8%。加工全面升级也提高了加工企业的市场影响力和产品的美誉度，促进了产品附加值的提高，据调查近 2 年来浙江省级示范茶厂的名优茶售价比市场高 10%～15%。

3. 推进了产品质量可追溯制度的推行

随着生产线的应用，不仅加工设备"硬件改造"之后有其操作要求，而且也有生产线运行"管理软件配套"的要求，因此，完成生产线加工改造的厂家，都必须配套进行茶叶加工技术规程、质量管理制度、生产加工过程台账等相应制度的建立和完善，从而促进茶叶生产档案制度从茶园管理延伸到了产品加工，为全面推行茶叶全程质量管理、产品质量可追溯制度创造了条件，也将促使茶叶生产加工的质量管理水平提高到新的高度。

4. 大大加快了茶叶 QS 认证的推进

加工设备的更新完善的过程，实际也是引导促进茶厂加工环境改善的过程，也因此促进了一部分加工企业 QS 认证相关条件的具备，促进了茶叶加工企业 QS 认证进程的加快。

5. 促成了新的加工模式的出现

茶叶加工生产线的应用与标准化名茶厂建设，不仅促进了加工规模化水平的提高，促进了茶产业分工细化；也促进了专业合作组织联合加工与名茶加工集聚区等新型加工模式的出现，为单家独户无法做到清洁化、标准化、规模化加工、因而无法获得市场准入资格的现实问题，提供了一个行之有效的解决途径。例如，浙江嵊州市通过市、乡、农户共同出资，共投资 1 000 多万建成集聚区 32 家，安置茶机 2 000 多台，解决了 1 000 多户茶农茶叶正规化加工、加工 QS 认证等一系列的问题，取得了明显的示范效应。名优绿茶连续化生产线加工技术与机械的推行，也促进了茶厂优势资源的整合，促进了茶厂布局的合理化。

二、发展前景

茶产业是关系到广大山区茶农安居乐业、生活富裕、美丽乡村建设的主导产业，做大做强名优茶产业是茶产业不可动摇的发展方向。当今已进入大力实施"机器换人"现代农业发展阶段，加快茶产业"机器换人"步伐、有效促进茶产业全面提升已成为当前茶产业发展中迫在眉睫的重要任务。名优绿茶连续化自动化加工生产线研制、示范和推广应用，不仅为持续发展这一优势农业产业，更为推动茶产业提升发展找出了重要切入点。

展望未来，名优茶已成为高效茶业中不可动摇的主要茶类，名优茶连续化自动化生产线加工也已成为茶业发展不可逆转的必然趋势。

1. 劳动力的日益短缺将促进名优茶加工连续化生产线的推广应用

近年来茶叶不仅"采工荒"问题愈演愈烈，用工高峰时采摘劳力缺口仅浙江每年都在 50 万以上，而且这一问题正逐步延伸到茶叶加工环节。特别对有着特定技术要求的名优茶加工，茶厂技术工用工短缺问题日益突出。名优茶连续化自动化加工生产线的应用，不仅比传统手工可提高工效 20 倍以上、比单机作业可提高工效 5 倍以上，大幅节省人工；而且由于机械性能稳定也保证了加工的稳定，尤其对专业化、规模化名优茶加工企业，应用连续化自动化加工生产线已成为克服茶厂技术工短缺瓶颈与保障名优茶正常生产的必然途径。

2. 茶叶产业化与龙头企业的培育，需要名优茶加工连续化生产线提供"硬件"上的支持

实践证明，茶叶生产的方向是产业化发展，其目标是生产专业化、规模化、集约化等。茶叶加工连续化生产线的建设有助于实现生产高效、生产标准化、区域加工集中等，这必将有力推进茶叶产业化进程。同时，名优茶连续化生产线也是培育壮大茶叶龙头企业的客观要求。据中国茶叶流通协会统计，全国百强茶叶企业中，福建有 16 家，安徽 14 家，湖南、湖北、四川均为 7 家，浙江为 5 家。龙头企业作用某种程度上与茶叶生产加工能力大小有着一定关系，因此，推广名优茶连续化自动化生产线，也是推动龙头企业做大做强的一项措施。

3. 进一步提升名优茶品质，提高产品质量稳定性的客观需要

近年来，为保障名优茶加工质量安全，茶叶加工应按照浙江省地方标准《茶叶加工场所基本条件》和《茶叶加工企业场所与设备条件》要求，完善配套设施，改善加工环境，消除卫生安全隐患，确保产品优质安全。名优茶连续化自动化生产线推广与应用符合茶叶精细化加工之发展方向，是稳定与提高名优茶品质最有效的技术与保障手段，推广名优茶连续化、自动化加工技术符合政府的茶产业发展导向。

4. 名优茶加工升级转型的需要

名优茶作为浙江茶叶的主导产品，在全省茶产业中具有举足轻重的地位。加快名优茶连续化自动化乃至智能化加工生产线的研发和推广应用，不仅是浙江茶叶产业提升发展"推进标准化名茶厂建设，不断改进加工装备条件和加工工艺，力争用 5 年时间在全省重点建设 1 000 家标准化名茶厂，提高茶叶加工现代化水平"的客观需要，也是浙江茶产业进一步拓展国外市场，赶超世界先进水平的需要。

《浙江省人民政府办公厅关于提升发展茶产业的若干意见》和《浙江省农业厅关于加快推进茶产业提升发展的实施意见》为茶产业加工提升与加快浙江省名茶加工清洁化、连续化和标准化指明了方向，《浙江省"十二五"农业重大成果

转化工程——浙江省十县五十万亩茶产业升级转化工程项目子项——名茶连续化自动化加工生产线应用与示范》实施与专家团队的建成，为名优绿茶连续化自动化加工生产线的推广应用搭建了平台、提供了技术支撑，并将配合浙江省标准化名茶厂创建工作，完善建立扁形、条形、芽形、卷曲形等各类名优绿茶投产生产线，努力为浙江百家省级示范、1000 家标准化名茶厂提高名优茶规模化加工生产水平，促进浙江乃至全国茶叶产业转型升级与可持续健康发展作贡献。

参 考 文 献

[1] 权启爱．浙江茶叶机械的转型升级与展望 [C]．杭州：浙江茶业转型升级老茶缘论坛论文集，2014：21-27.

[2] 罗列万，叶阳，等．浙江省名优绿茶连续化生产线建设现状及示范线设计特点 [J]．中国茶叶，2014 (9)：10-13.

[3] 周天山，方世辉，等．绿茶初制清洁化生产线发展现状 [J]．茶叶科学技术，2009 (4)：1-7.

[4] 程玉明，赵祖光，等．名优绿茶清洁化流水生产线研制 [J]．中国茶叶加工，2010 (2)：31-33.

[5] 汤周斌，刘晓东．6CZ 一系列蒸汽杀青机在绿茶连续化、清洁化生产线上的应用研究 [J]．广西农学报，2010，25 (3)：53-55.

[6] 丁俊之．从世界茶叶产销特点探讨我国茶业持续发展之道 [J]．中国茶叶，2014 (4)：4-6.

[7] 杨江帆．茶叶企业经营管理 [M]．北京：中国农业出版社，2006.

第一章 茶厂设计建设基本要求

第一节 茶厂环境

当拟建设新茶厂或茶厂更换新址，或茶厂生产产品种类发生较大变化时，需要充分考虑茶厂周边环境状况与茶厂之间的相互影响。要对生产场所环境进行风险评估，评估时应慎重考虑新场所对员工健康、茶产品安全、环境和野生动物健康，确定是否适合茶产品生产。

一、环境影响因素

茶厂新址的风险评估应包括 3 个方面。首先要确认使用地块完全符合国家法律的规定。其次要评估环境状况对生产的影响。场所的历史状况，如是否属于历史文物古迹保护区域；场所历史上是否曾作为工业和军事用途，是否会有较多的汽油污染；是否是垃圾填埋或矿业用地，可能会造成环境污染或突然沉陷，危及地上工作人员。地形地貌及周边环境状况会对生产产生潜在的影响，如是否地基构造和地面坡度是否有产生水土流失甚至泥石流的危险。是否会受到上游河流污染、周边企业及农事活动、公路和铁路运输等多种环境因素的潜在威胁。最后要评估生产对环境的影响。茶厂一旦建成投产必然对周边环境产生一定的影响，要使用或占用资源，用电、水、煤（天然气）、交通、通讯等。企业必然会产生一些废弃和残留物是否能得到很好的无害化处理，企业所产生的噪声、粉尘等是否会干扰附近居民、附近野生动物的正常生活，是否污染水源和地下水等。经综合评估，新址的各种风险必须在茶叶生产和环境保护相关的国家法律法规允许范围内。

二、茶厂选址

1. 茶厂与主要茶园相距宜近，鲜叶运输时间不宜超过 2 小时

各类茶叶初制厂的主要生产原材料是采摘后的茶树鲜叶，茶树鲜叶离开母体后会在环境中温度、湿度、空气含氧量、机械损伤程度等因素的作用下发生理化变化，会对后续茶叶加工和产品质量产生最直接的影响，选择茶叶初制厂的地理位置时应优先考虑茶厂与茶园基地的路程和交通条件。

一般情况下，茶厂离茶园基地宜近，以确保茶树鲜叶的新鲜度。目前，我国绝大多数茶区仅在春茶季节采摘名优茶，采摘茶叶时通常在上午 7：00—8：00 时开始，于下午 4：00—5：00 时结束，采摘过程中往往每隔 3～4 小时就将采摘的新鲜芽叶集中运回制茶厂摊放，保鲜或贮存。Kim J H（1995）研究了低温条件下，鲜叶内含物的变化，5～25℃下的测定表明，9 小时以内，随着贮藏时间的延长，鲜叶中单宁、全氮量、总游离氨基酸含量增加，9 小时后，鲜叶品质开始恶化。

大多数茶区是在 3—4 月采摘春茶，因地域气候差异等原因，一些纬度较低的茶区如云南、四川等地可提前到 2—3 月开采，一些纬度稍高的茶区如河南信阳和山东日照等地在 5 月还在采春茶。春季环境温度升温较快，降水偏多，从下表可以看出浙江省春季全省平均气温和平均降水的变化趋势（表 1-1）。

表 1-1　浙江省春茶季节全省平均气温（℃）和平均降水（mm）情况

年份	平均值	2 月			3 月			4 月			5 月		
		上旬	中旬	下旬	上旬	中旬	下旬	上旬	中旬	下旬	上旬	中旬	下旬
2006	气温	5.2	8.4	8.0	11.4	10.6	13.8	18.4	15.3	18.8	21.6	18.3	22.4
	降水	12.9	23.6	50.8	12.1	36.1	13.3	57	42.9	23.2	69.8	107.8	56.1
2007	气温	10.3	10.8	11.5	11.3	9.5	17.2	13.8	16.5	15.9	21.8	22.2	24.7
	降水	10.8	43.0	11.8	42.0	65.0	40.0	18.7	42.0	77.0	9.4	18.2	45.0
2008	气温	1.7	4.1	8.1	10.1	13.8	14.2	16.4	16.1	18.7	21.3	20.8	24.1
	降水	46.0	4.9	12.5	8.3	16.8	26.6	50.2	57.1	20.8	46.2	13.5	86.5
2009	气温	10.8	11.6	9.1	7.9	14.2	12.1	13.7	19.4	18.1	21.3	23.2	22.0
	降水	3.0	29.8	89.5	60.6	37.1	50.9	26.3	57.6	26.9	10.7	28.4	57.9

采摘后的茶树新梢（芽叶），仍有呼吸作用且占明显优势，会释放大量的热量，使叶温迅速上升。外界温度愈高，呼吸作用就愈强，叶温升高愈快，使酶活性增强，导致鲜叶内的有效成分大量分解消耗、多酚类物质不断氧化缩合而从可溶性变为不溶性状态、水浸出物减少；随着叶温上升，内含物的转化由缓慢的量变进而质变，使叶片逐渐变红。因此，应减少鲜叶路途运输时间，尽可能避免鲜叶的挤压和堆积，保持鲜叶的新鲜度。

2. 茶厂建设要与周边环境协调，适于可持续发展

茶厂建设应选择在平地或地势平缓的山坡地，要尽可能远离村镇人口稠密的居住区，不破坏周围生态环境，与周围环境协调。选择茶厂建造地点时应避免泥石流的潜在危险。绝大多数茶区都是山区。山区多雨季节，一些地质条件较差的地点存在发生泥石流的潜在危险。

茶叶加工属于食品加工范畴，应首先符合《中华人民共和国食品安全法》。

该法第二十七条规定，食品原料处理和食品加工、包装、贮存等场所，与有毒、有害场所以及其他污染源保持规定的距离。在第三十三条中指出，国家鼓励食品生产经营企业符合良好生产规范要求。

茶厂建设前应尽可能做到"七通一平"，即通道路、雨水、污水、自来水、电力、电信、有线电视管线，土地自然地貌平整。特别要指出的是，一般企业在建设茶厂时比较重视电力、道路和自来水，但不应忽视雨水、污水的排放，以及电信（电话和宽带）、有线电视的畅通，也要预先评估能源的供应方式和供应量。公路建设不低于《公路工程技术标准》（JTG B01—2003）规定的四级公路要求。生活饮用水质量应达到 GB 5479—2006《生活饮用水卫生标准》要求，要确保用水量。茶厂供电要切实保证企业生产和生活用电的需要。

进行有机茶生产的茶厂对茶厂周边环境有更加严格的要求。《NY/T 5198—2002 有机茶加工技术规程》中规定："3.3 加工厂 …… 3.3.2 加工厂离开垃圾场、医院 200m 以上；离开经常喷洒化学农药的农田 100m 以上，离开交通主干道 20m 以上，离开排放'三废'的工业企业 500m 以上。"

茶厂在选址时要注意以下几点。

（1）茶厂应选择在地势干燥、交通便利，既有充足水源又远离受洪水威胁的地方。1982 年，安徽祁门茶厂因处河流附近，在春末夏初夜间烘水来袭时制茶车间和仓库都淹没在洪水中，损失巨大。

（2）茶厂应远离排放"三废"的工业企业，周围不得有粉尘、有害气体、放射性物质和其他扩散性污染源。由于茶叶具有极强的吸附性，茶厂附近也不应种植产生异味的花卉和树木。茶厂周边 100m 以内不得有经常喷洒农药的农田，离开交通主干道应在 20m 以上。

（3）茶厂周边应有一定距离的绿化隔离带。

3. 茶厂选址要充分评估茶厂对周边环境的影响

《中华人民共和国环境保护法》对新建工业企业和现有企业的技术改造防治环境污染和其他公害作了严格的规定，建设项目中防治污染的设施，必须与主体工程同时设计、同时施工、同时投产使用。

由于茶厂采用的原材料或半成品材料的不同，以及生产的终端产品的差异，不同类型的茶叶加工厂（或生产车间）将会对周边环境产生不同程度的噪声、粉尘、废气、废液、废渣等污染，会对厂地原生态环境产生影响，建厂前要进行仔细测算和科学评估。测算和评估的依据是国家法律法规及相关技术标准、规范。茶厂周边环境空气质量应符合《环境空气质量标准 GB 3095—1996》规定的二级标准要求，茶叶精制厂厂区空气的总悬浮颗粒物（TSP）、可吸入颗粒物（PM10）要符合该标准的三级标准要求。茶厂噪声应符合《声环境质量标准 GB

3096—2008》中规定的 3 类声环境功能区的要求，即环境噪声限值为日间 65db（A），夜间 55 db（A）。

　　所以，在茶厂选址时，应充分考虑茶厂投产后可能产生的环境影响，选址前应对建设项目有一个前瞻性的，客观公正的环境影响评估，提前与城镇规划部门沟通协调，尽可能避免在一些环境敏感地点选址，如要避开风景旅游区、名胜古迹、医院、学校、居民区等地段。不同类型的茶厂建设时选址的要求不一样（图）。

图　建设中的杭州王位山茶厂实景

第二节　车间设计与建设基本要求

一、车间设计和建设原则

　　茶叶加工车间一般包括贮青间、初制或精制车间、包装间和仓库等。生产车间的总面积，具体车间的层高、开间宽度、进深，梁柱及框架的结构等，应根据企业生产的茶类、产能及加工工艺等具体要求分别进行设计和确定。茶厂茶叶加工车间设计和建设的原则是：

（1）确定企业生产纲领，即按照企业发展规划确定生产茶类，总体生产规模，如果生产不同茶类间的比例、年产量、高峰日产量、产品质量总体要求。适当预留扩展产能的空间。

（2）确定生产茶类的加工工艺流程、采用的关键技术、生产线设备的先进程度和布置方式，如是否采用单机作业，是否采用连续化或自动化生产线加工茶叶。

（3）确定生产线主要设备的平面和空间布局，主要从茶叶原料到成品的物流、车间员工操作进出车间及随茶叶加工工艺流程方向的人流两条主线进行综合考虑。

（4）确定车间配套设施、设备及辅助用房。根据生产线和设备要求，参考茶厂用地状况，进行茶叶加工车间、附属用房平面和设备布置设计。

（5）确定加工车间内生产设备的安装位置，注意预留控制柜、电线线路及油、气（天然气、蒸汽、压缩空气等）、水的管道的位置。

（6）确定车间设备操作、维护和保养的空间，特别要预留消防和应急通道。

要绝对避免未作茶叶加工工艺设计、机器选型和生产线设计前，盲目进行车间和其他厂房的设计和建造。

二、车间设计基本要求

1. 车间设计

车间工艺方案设计的内容应包括厂址选定、鲜叶供应量和茶叶生产量的确定、生产茶类和茶叶加工工艺的确定、茶叶加工机械和辅助设备（变压器，锅炉，油、气容器，运输设备等）考察与选定、生产线的设计与确定、生产车间平面和立体方案的设计与确定、配套用房（质量检测和管理、仓库、冷库、配电、车库、油气库、办公、倒班职工宿舍和食堂等用房）平面和立体方案的设计与确定、厂区（含车间、煤柴及煤渣等堆场、道路和绿化）平面规划方案的设计和确定。茶厂工艺方案设计应由车间建设单位组织有关技术人员提出和完成。

2. 车间基本要求

茶叶生产车间即为无公害茶加工的建筑必须符合《中华人民共和国食品卫生法》《工业企业设计卫生标准》《中华人民共和国消防法》等有关规定，并按食品加工的规范和要求进行设计。生产车间和办公用房应分区设置；加工车间建筑要牢固、整洁；墙壁应为白色或浅色；在厂房的内部设计上，鲜叶进入车间后，在加工全过程中茶叶尽可能不落地面，以减少对茶叶的污染。所有贮青间加工车间和仓储间地面均应由耐水、耐热、耐腐蚀材料铺成，要求坚硬、平整、光滑，以便于清洁或清洗，且应有一定的坡度以便排水，地面要有排水沟，墙壁要被覆一层光滑、浅色、不渗水、不吸水的材料，墙面 2.0m 以下的部分要铺设白瓷砖或其他墙裙。相应车间要有阻止蚊蝇、昆虫进入的车间纱门纱窗，并定期进行清洗。

为了保证茶叶加工的卫生和新鲜程度，保品质稳定，加工车间除了加工工艺必须设备以外，还应具有以下设施：

（1）通风除尘设施。除厂房要求必须的通气窗外，还必须装有排气设备，保证足够换气量，以及时驱除生产性蒸汽、油烟及人体呼出的二氧化碳，保证空气新鲜，室内粉尘允许度＜10mg /m³。

（2）照明设施。自然照明要求采光门窗与地面比例 1∶5，人工照明要有足够的照度，一般作业场所光线保持在 100 lx 以上，加工车间照度应达到 500 lx 以上，照度测定按照 GB /T8204.21 规定执行。

（3）消毒设施。绿色食品生产企业必须具有与加工产品数量、品种相适应的工具，容器洗刷消毒间，这是保证食品卫生质量的重要环节，消毒间内要有浸泡、刷剔、冲洗、消毒的设备，消毒后的工具、容器要有足够的贮存室，严禁露天存放。

3. 车间建设

茶叶加工车间建设分施工设计和建设两大步骤进行。

车间建设的施工设计内容应包括勘察钻探、初步设计（厂区平面、主要建筑物平面与立体等）、会审和审批、施工设计和结构设计（含建筑物，水、电、气网，道路和绿化等）、会审、修改设计与审批、完成全部施工设计与审批。车间建设的施工设计应由有资质的勘察、建筑设计单位承担，并由建设单位协助完成，报有关政府管理部门审批。

茶叶加工车间的建设内容应包括建筑招标、建设单位确定、茶厂建造、设备招标和采购（与茶厂建造同步进行）、完成茶厂建造、设备安装及调试、茶叶试生产、茶厂验收等。

第三节　成套设备选型原则

一、成套设备选型原则

茶叶生产企业成套设备选型远不同于单机购置，需要根据企业的实际情况，充分考虑发展空间，宜进行专业咨询、可行性论证和工艺设计后，向茶叶机械生产企业进行沟通、订制和选购。成套设备选型的基本原则包括以下几方面。

1. 确定企业的生产纲要

生产何种茶类，是哪几类茶叶，是否要同时生产，各类茶叶年产量（生产几个月，每天正常生产多长时间）多少，春、夏、秋季茶产量所占比例等问题明确，并保留适度调节幅度。

2. 确定产品的目标品质

每一类茶叶产品的标准，尤其是品质风格要明确，是否有特定的品质要求，制定科学合理的茶叶加工工艺流程，尽可能确定每一加工序工艺参数，如投叶量、温度、时间、失水率等。

3. 确定车间的基础建筑要点

明确车间总长度、总跨度，对车间的层高、开间、进深，包括梁、柱的具体位置要在相关图纸上具体标明。

4. 确定车间的配套设施和能源供应

生产线对水、电、网络等配套设施及能源供应类型和能力要求较高，企业要心中有数。

5. 确定成套设备（生产线）的先进程度

茶叶加工成套设备自动化水平将日益提高，企业应根据自身生产规模和经济承受能力，明确提出成套生产设备的提质、增效、节能、环保等方面的要求，明确是否采用集中控制、是否通过互联网实现远程监控等，从而选择最基本的连续线还是自动线或智能生产线。

二、成套设备的核心要求

确定了成套设备选型的上述基本情况，就可与茶机生产企业共同探讨整条生产线的具体要求。为此，进而要求深入了解连续自动成套加工设备基本原理与配套要求。

无论哪一类外形的名优绿茶连续自动成套加工设备均是由摊青、杀青、揉捻及做形、冷却回潮、干燥等主要设备，以及各加工工序间的连接输送设备、辅助设备等组成。成套加工设备的构成不是各种单机设备的简单组合，成套设备的功能也不是单机功能的叠加，其基本要求，是由所加工茶叶产品的品质特征和整条生产线的产能、连续化和自动化要求等因素决定的，其核心要求在于做到：

1. 在制品茶的流量平衡和匀速流动

茶叶加工过程是一个连续失水过程，茶叶在加工中体积逐渐缩小。因茶类的差异等原因，在制品茶的流动性在各加工阶段会出现较大差异，揉捻叶易出现成团结块，毛峰类茶叶易出现堆积输送不畅等问题，要求做到各种加工设备上下游的衔接和流量的平衡、匹配，使在制品茶在流水线中连续、匀速地流动起来。茶叶连续自动成套加工设备要求设备机型和数量的组成匹配应合理准确，并符合制茶的工艺要求，使茶叶加工过程中各工序在制品处于动态平衡。

2. 制茶时的失水速度符合工艺要求

以炒青绿茶为例，设定鲜叶进厂时的含水量为75%，生产线加工工艺为：初始→摊青→杀青→风选＋摊凉回潮→二青→揉捻→热风解块→烘干→滚炒→辉锅。以70型滚筒杀青机的正常投叶量测算，则杀青工序前后各工序在制品茶的含水量和重量则应依序而变，变动幅度过大就会影响成品茶品质（表1-2）。

表1-2　各工序在制品茶的含水量和重量对比

工序	重量（kg）	含水量（%）
初始	160	75
摊青	133.3	70
杀青	100	60（±2）
风选＋摊凉回潮	100	60（±2）
二青	88.9	55
揉捻	88.9	55
热风解块	80	50（±2）
烘干	57.1	30（±2）
滚炒	51.3	12
辉锅	42.1	4～5.5

3. 要求制品茶的品质，即色、香、形在受控之中

采用连续自动生产线加工茶叶要密切注意各工序在制茶的品质变化，茶叶的色、香、形如出现异常，应及时调节相关设备的工艺参数，如投叶量、温度、时间、风量等。

参考文献

[1] 张正竹，童宗寿，邓娅莉.绿茶原料保鲜技术研究 [J]，安徽农业大学学报，2000，27
　　（2）：161-163.

[2] 赖凌凌，郭雅玲.茶鲜叶的保鲜原理与技术 [J]，茶叶科学技术，2004（2）：32.

[3]《NY/T 5198—2002 有机茶加工技术规程》.

[4]《中华人民共和国环境保护法》.

第二章　工艺技术与设备配置

第一节　名优绿茶加工原则

名优绿茶，是绿茶中的珍品，需满足以下条件：

（1）产地自然条件优越，茶树品种优良。

（2）采摘精细，加工技术精湛。

（3）造型、风格独特，色香味形俱佳，品质优异。

（4）有较高的艺术性和饮用价值。

（5）质量稳定，有一定知名度，形成了一定市场。

适制名优绿茶的茶树品种要求：发芽早，芽头小，节间短，芽叶色泽翠绿鲜活，且内含成分丰富等。名优绿茶的品质特征一般是，外形造型独特，色泽嫩绿明亮、润泽；汤色嫩绿或绿而清澈明亮；香气高爽且持久性好；滋味醇厚爽口；叶底嫩绿，含芽多，叶质柔软。然而，名优绿茶千姿百态，因不同的生态条件、不同的鲜叶原料以及不同的加工技术，也形成了各自特有的品质特征。目前，市场上较常见且有一定代表性的名优绿茶有西湖龙井、洞庭碧螺春、太平猴魁、黄山毛峰、信阳毛尖、庐山云雾、金奖惠明等。

为了达到名优绿茶特有的品质要求，关键离不开科学合理的采制技术。名优绿茶的工艺流程主要包括摊放、杀青、揉捻、做形和干燥。与大宗绿茶相比，名优绿茶鲜叶原料的采摘和各工序的操作技术都有更为严格的要求。

1. 鲜叶采摘

名优绿茶鲜叶以"一芽一叶"或"一芽二叶"初展为好，要求细嫩、完整、鲜活、匀净度高，不同造型的名优绿茶对鲜叶的采摘嫩度要求有所差异。鲜叶以手采为主，动作要轻，应适当早采、分批采。采摘时应避免病虫叶、紫色芽叶、鱼叶等，不带蒂头和夹杂物。采摘的鲜叶要盛放在透气性强、清洁无异味的竹篮或竹筐内，并及时送入茶厂。运输过程中，应防止太阳暴晒以及原料积压。如果鲜叶运输时间超过1～2小时，运输途中应采取冷藏保鲜措施。

2. 摊放

鲜叶入厂后，应立即进行摊放。摊放是绿茶加工不可缺少的工序，其主要目的在于，一方面使鲜叶散失一定水分，叶质稍变软，利于后续的杀青作业；另一方面，在摊放过程中，鲜叶部分青草气散失，具有宜人香气的香气物质增加，有利于名优绿茶独特风味的形成。在名优绿茶摊放过程中，鲜叶内含成分发生一定变化，随着鲜叶细胞组织的逐步脱水，鲜叶含水量下降，细胞液开始浓缩，酶活力增强，多酚类物质在多酚氧化酶的作用下发生氧化和分解，一些贮藏物质水解生成简单物质，如蛋白质水解成氨基酸，淀粉类物质水解成低分子糖，这利于茶汤滋味的改善。同时，茶鲜叶中可溶性糖含量的增加，有利于多酚类物质的合成，与氨基酸相互作用可以产生具有各种香味的醛类。另外，鲜叶中的叶绿素在叶绿素酶的作用下发生降解，含量降低，使茶叶色泽和叶底色泽呈现出嫩绿色，符合绿茶的品质要求。因此，适度合理的摊放有利于改善绿茶的色、香、味，从而提高绿茶品质。

名优绿茶鲜叶原料通常较细嫩，应采用固定的摊青设备，如鲜叶摊放机或软匾、篾簟等。摊放必须掌握好厚度、时间和程度，摊放不宜太厚，一般 2～3cm，且尽量避免机械损伤；摊放时间为 6～12 小时；摊放程度：以鲜叶失去光泽，叶质由硬变软，青气消失，清香显露，摊放叶含水率达 70%～72% 为宜。摊放场所应通风、干燥，避免阳光直射。鲜叶摊放空间的温、湿度的变化直接影响摊放效果。

3. 杀青

杀青是名优绿茶加工的关键工序之一，其主要目的在于，通过高温杀青，能够保证绿茶"三绿"（外形绿、汤色绿、叶底绿）的品质特点；杀青可除去鲜叶的青草气，促进香气等内含物质的转化，为名优绿茶特有品质的形成奠定基础；另外，在杀青过程中，鲜叶水分进一步散失，叶质柔软，便于揉捻做形。杀青之所以能使绿茶保持"三绿"，主要是因为，高温迅速破坏多酚氧化酶的活性，防止多酚类物质的酶促氧化，避免产生红梗红叶，从而保持绿茶外形绿的特征；同时，高温杀青改变了叶绿素的存在形式，使叶绿素从叶绿体中释放出来，冲泡后能够大量溶解在茶汤中，不会多存留在叶底而出现生叶，从而形成绿茶汤色碧绿，叶底嫩绿的品质特征。

有资料认为，多酚氧化酶的最适温度为 52℃，酶钝化临界温度为 85℃。在一定温度范围内，随着温度的升高，多酚氧化酶活性增强，酶促反应速度加快；当温度超过酶的最适温度时，酶活性丧失，酶促反应速度下降；当温度升高到酶钝化临界温度时，多酚氧化酶被彻底破坏，酶促反应速度为 0。因此，杀青过程中，叶温应迅速升至 85℃ 以上。

名优绿茶杀青标准为：高温杀青，且适当偏重，杀青叶色暗绿，叶质柔软略有黏性，手握成团，松手即散，且带有清香，含水率达 58%～60%。

4. 揉捻和做形

成品茶都有一定的特定形状，且要求冲泡时茶汁适度溢出，名优绿茶亦不例外。揉捻和做形的目的就是通过外力作用适度破坏杀青叶细胞组织，塑造一定的外形，使成品茶具有美观的形状，易于冲泡。做形具有一定的揉捻作用，揉捻也是常见的做形，揉捻和做形的具体要求因不同名优绿茶的外形而异。

揉捻是初步做形，使杀青叶柔软性、可塑性和黏性增大，被初步卷成条状，再通过适当做形，从而达到名优绿茶的外形要求。

（1）揉捻。揉捻的目的，一方面使杀青叶初步成条，为进一步做形奠定基础；另一方面，揉捻增加了细胞组织破坏程度，茶汁部分溢出，利于茶汤滋味的形成。名优绿茶原料细嫩，一定要适当轻揉，且揉捻时间要短。若揉时过长或加压过重，则茶汁溢出增多，会使成茶色泽偏暗。

（2）做形。即根据名优绿茶的外形要求，选择合适的做形方式，如条形茶要进行理条、搓条，卷曲形茶要进行揉捻、翻炒，扁形茶则要进行理条、压扁。名优绿茶做形时，掌握含水率是关键，要求失水速度减慢，一般含水率达 30%～45%最为合适，此时芽叶柔软且不黏手，利于充分做形。若含水率过高，做形时易结块，导致成茶色泽偏暗；若含水率过低，茶条可塑性不高，较难成形，且易造成芽叶断碎。

5. 干燥

干燥是名优绿茶加工的最后一道工序，也是形成茶叶品质的重要过程。其目的是继续去除水分，使干茶含水率降至规定标准之内，便于贮存，同时可固定加工叶的外形，并使内含成分继续转化，进一步形成名优绿茶特有的色、香、味、形。在干燥过程中，茶叶中的内含成分发生一定变化，氨基酸、可溶性糖和果胶物质的含量降低；多酚类物质和复杂儿茶素含量降低，有利于降低茶汤的苦涩味；同时，低沸点香气物质继续散失，高沸点物质的含量有所增加，从而利于绿茶栗香、花香等香气特征的形成；茶叶中的叶绿素在高温作用下遭到破坏，含量降低，且不同干燥条件下，叶绿素破坏程度不同，从而使绿茶表现出不同的色泽特征。

根据干燥过程中茶叶的失水规律和理化特性变化特点，通常需要分次干燥，即 2～4 次不等，每次干燥之前需适当摊凉，保证茶叶水分散失均匀。分次干燥需要掌握好干燥温度，第一次干燥以蒸发水分和制止残余酶活性为主，投叶量要少且温度适当高些，之后的干燥是形成茶叶色香味形的关键阶段，温度应适当降低，投叶量适度增多，干燥时间逐渐延长。

名优绿茶干燥要求均匀、充分，含水率应达到 6%以下，便于干茶贮存。干燥方式主要有烘干、炒干、烘炒结合、焙干、微波干燥以及远红外干燥等，常用的方法是烘干、炒干和烘炒结合。利用不同干燥方式，可促进茶叶内含物质的化学变化，发展茶叶香气、滋味，从而形成各类名优茶不同风格的品质特征。

（1）烘干。利用热空气对茶叶进行干燥的方式。采用烘干方式进行干燥的名优绿茶多呈自然状，香气清新，滋味鲜爽，如黄山毛峰、六安瓜片等。烘干一般分毛火和足火二道工序，毛火温度不能太低，摊叶要薄，时间要短；足火时温度要低，摊叶要厚，时间宜长。

（2）炒干。利用锅壁和滚筒筒体内表面的热对茶叶进行干燥的方式，锅炒主要用于扁形名优茶的干燥，如龙井、旗枪等，滚炒主要用于条形大宗优质茶或普通炒青绿茶的干燥，常与烘干方法结合使用。采用炒干方式进行干燥的名优绿茶，条索紧结，香高味醇，但芽叶易断碎。炒干过程中，要掌握好锅温，温度太高，容易造成茶叶外干内湿，程度不均匀；温度太低，则茶叶色泽偏暗，香气不高。

（3）烘炒结合。即采用炒干和烘干相结合的方式进行干燥，如碧螺春、信阳毛尖等卷曲形茶，干茶品质特点介乎烘干和炒干茶叶两种之间。

第二节　名优绿茶加工关键设备

工欲善其事，必先利其器。名优绿茶连续化、自动化生产线的设备性能及其配置是否科学合理，直接决定成品茶叶的品质。在加工名优绿茶之前，必须对生产线的关键设备原理、结构及性能有所了解，并掌握。

一、名优绿茶加工关键设备

名优绿茶加工与大宗绿茶加工基本原理相同，基本加工工艺是杀青、揉捻和干燥，但因名优绿茶品质特征不同于大宗绿茶，尤其是外形上差异显著，对色、香、味、形要求更高，所以，其加工设备与大宗绿茶不完全一致。一般情况下，大宗绿茶主要加工设备有：杀青机、揉捻机或做形设备、烘干机、炒干机等，名优绿茶主要加工设备主要有下列类型。

（1）摊青设备。摊青机。

（2）杀青设备。滚筒杀青机、蒸汽杀青机、微波杀青机、杀青理条两用机等。

（3）揉捻或做形设备。揉捻机、理条机、扁形茶炒制机、双锅曲毫炒干机等。

（4）干燥设备。烘干机、炒干机、提香机、辉干机等。

（5）辅助加工设备。输送设备、冷却回潮机、解块分筛机及风选机等。

采用什么样的茶叶加工设备是根据茶叶生产者所产茶叶的种类、加工工艺技术、生产规模及采用设备的先进程度决定的。茶厂选择茶叶加工设备时，要注意具体设备型号及在功能、产能等细节上的差异（表2-1）。

表2-1　不同品质特征名优绿茶加工设备配置

名优绿茶类别	关键设备	辅助设备
扁形名茶	杀青机、理条机、扁形茶炒制机、辉干机	摊青机、风选机、冷却回潮机
毛峰（卷曲）形名茶	杀青机、理条机、揉捻机、烘干机	摊青机、风选机、冷却回潮机
针（芽）形名茶	杀青机、理条机、烘焙机	摊青机、冷却回潮机
条形名茶	杀青机、揉捻机、炒干机	摊青机、解块分筛机、冷却回潮机
曲毫（颗粒）形名茶	杀青机、揉捻机、双锅曲毫炒干机	摊青机、冷却回潮机
兰花（朵）形名茶	杀青机、揉捻机、理条机、烘干机	摊青机、冷却回潮机

二、名优绿茶加工关键设备工作原理和要求

不同加工设备的组合构成不同类型茶叶加工生产线，但主要加工设备的工作原理与要求是基本相同的。现分别介绍名优绿茶几种关键加工设备的工作原理。

1. 杀青机

图2-1　茶叶杀青机实物

其功能是采取适当加热方式，迅速提高叶温，破坏鲜叶中多酚氧化酶的活性，防止鲜叶红变，并为揉捻或做形创造条件。因名优绿茶鲜叶采摘一般是单芽头或一芽一二叶，水分含量比较足，所以，在杀青时要掌握好杀青温度、投叶量及时间等工艺参数。目前名优绿茶加工杀青环节主要以滚筒杀青机杀青为主，也

有采用蒸汽杀青或其他杀青方式。图 2-1 中，左图为浙江上洋机械有限公司生产的微型名茶杀青机；右图为余姚市姚江源茶叶茶机有限公司生产的 60 型茶叶电磁滚筒杀青机。

　　工作原理：茶鲜叶通过进口槽（4）进入到已加热至设定杀青温度的滚动滚筒筒体（5）内，利用筒体内的高温破坏茶鲜叶中的酶活性，制止多酚类物质氧化，以防止鲜叶红变。在杀青过程中，随着鲜叶水分的散失，叶子变软，为揉捻造形创造条件；同时具有青草气的低沸点芳香物质挥发消失，从而使茶叶香气得到改善。滚筒筒体（5）内安装有导叶条，随着筒体的旋转滚动，使完成杀青的茶叶从滚筒出叶口（6）出叶。斜度调节装置（3）可调节滚筒的倾斜角度，以此来控制出茶速度（图 2-2）。

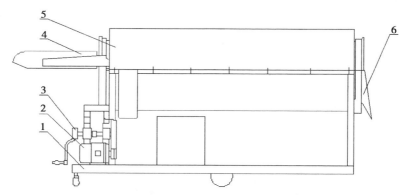

1.支架，2.主电机，3.斜度调节装置，4.进口槽，5滚筒筒体，6.出叶口

图 2-2　杀青机结构

2. 揉捻机

　　其作用是将杀青叶在揉捻机桶盖的压力、揉桶筒壁的推力及揉盘棱骨的反作用力的共同作用下，通过挤压、搓揉、捻条破坏叶细胞组织，使茶叶内细胞质液外溢并形成紧细的茶条，既为下一道工序创造条件，也使得茶条易于冲泡。名优绿茶一定要适当轻揉，揉捻时间过长或加压过重，将会造成茶汁溢出过多，会使成品茶色泽偏暗而不翠绿。

　　工作原理：揉捻机的作用是初步做形和茶汁适度外溢。工作时，杀青叶置于揉桶（3）内，启动电机并通过减速部件（5）和曲臂回转机构（1）来控制揉桶（3）的旋转和运行速度，加压机构（4）控制揉桶内杀青叶堆放的松紧程度。揉桶旋转时，揉桶内的茶叶与揉盘部件（2）中的揉盘棱骨（6）接触，对杀青叶形成揉和捻的动作。加压的原则是先轻后重再轻，加压与松压相结合，揉盘的棱骨（6）构造，与揉成条索有关，揉捻机的投叶量依揉桶大小而异，揉捻时间具体由茶叶种类、原料嫩度、杀青程度而定（图 2-3、图 2-4）。

图 2-3　浙江上洋机械有限公司生产的茶叶揉捻机

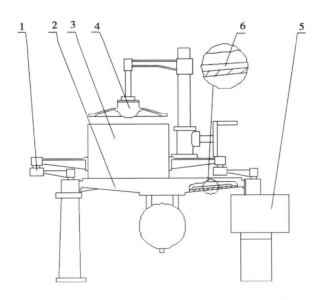

1.曲臂回转机构，2.揉盘部件，3.揉桶，4.加压机构，5.减速部件，6.揉盘棱骨

图 2-4　揉捻机结构

3. 扁形茶炒制机

其功能是通过茶叶在 U 型炒锅中的软性炒茶板和条形翻叶装置的协调作用，随着茶叶失水进程逐步减小炒茶板与锅面的间隙，逐步降低相连炒锅的锅温，使得茶叶从以理条为主到理条和压制翻炒做形结合，过渡到以理条为主，炒茶做形为主，从而达到扁形茶特有的扁、平、直、光的外形要求。在炒制过程中特别要注意各个锅温的控制和调节（图 2-5）。

图 2-5　杭州千岛湖丰凯实业有限公司生产扁形名茶连续自动炒制机

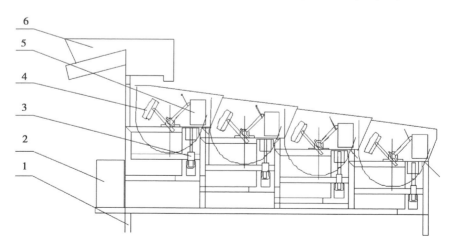

1.机架，2.动力箱，3.升降装置，4.压力轴组件，5.出茶门机构，6.计量装置

图 2-6　连续扁茶机结构

工作原理：扁形茶炒制机主要作用是使茶叶表现出挺直、扁平的外在形态，同时散失水分起到干燥作用。炒制过程中，通过软性炒茶板和翻叶条的作用依次起到"理、压、炒、磨"作用。此为（4）锅扁形茶炒制机，每个锅上安装有出茶门机构（5）和压力轴组件（4），且每个炒制锅温度和压茶的压力可调。炒制时，开启加热装置，茶鲜叶通过计量装置（6）称量，随后依次通过（4）个炒制锅炒制，在炒制过程中，通过调节锅温和压茶压力，最终形成扁形茶形状（图2-6）。

4. 理条机

其功能是含水量较高的茶条在理条机 U 形槽中受热变软，外形具有一定的可塑性，当 U 形槽进行横向往复运动时，茶条受到两则径向推力的作用会顺着茎梗轴径向收缩，随着水分的逐渐散失茶条也慢慢变直（图 2-7、图 2-8）。

图 2-7 杭州千岛湖丰凯实业有限公司生产茶叶理条机

工作原理：理条的作用是进一步整形和去除茶叶水分。工作时，先将理条槽（5）预热，理条槽（5）通过动力装置（3）和传动机构（4），使其作横向往复运动，预热至设定温度后，茶叶均匀地投放在理条槽内，使茶叶受热均匀，快速推挤成条（图 2-9）。

图 2-8　浙江上洋机械有限公司生产的连续理条机组

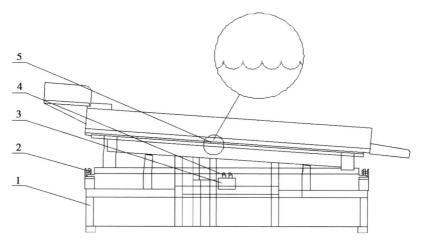

1.机架，2.斜度调节装置，3.动力装置，4.传动机构，5.理条槽

图 2-9　连续理条机结构

5. 烘干机

其功能是通过热风对茶叶加热，进一步破坏茶叶中酶类活性，散失茶叶中水分，提高成品茶香气，改善茶叶滋味。名优绿茶在烘干环节须至少两次的烘干工

序，初烘时，要求风量大、温度高、排湿畅、摊叶薄、速度快；复烘时，要求温度低、摊叶厚、风量低，适当慢烘以促进香气形成（图2-10）。

图2-10　杭州千岛湖丰凯实业有限公司生产的茶叶烘干机

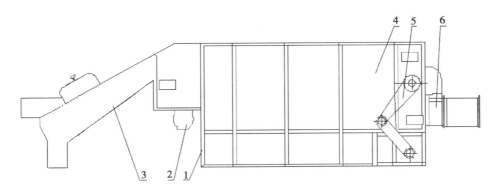

1.机架，2.出口机构，3.输送装置，4.烘干箱体，5.传动装置，6.热风发生器进口装置

图2-11　烘干机结构

工作原理：烘干机是通过热风达到干燥茶叶的一种设备，能够改善茶叶外形，散失水分，还能继续破坏酶活性，提高茶叶的内在品质。此为自动链板式烘干机，工作时，茶叶通过输送装置（3）进入烘干箱体（4）内的循环转动链板上，热风发生器产生的热风通过热风发生器进口装置（6）进入到烘干箱体（4）内，对茶叶进行烘干。茶叶在循环转动链板上，从上至下，逐层进行烘干，最后

从出口机构（2）落下（图 2-11）。

6. 双锅曲毫炒干机

其功能是将经适度揉捻后的茶条，受热变软，茶条在斜向炒锅和曲面炒板翻炒茶叶时，受到炒锅曲面和炒板曲面的共同挤压，形成一个向球心的合力，茶条在较长的炒制过程中会随着水分的散失会逐步向颗粒中心收缩，从而形成近似球形的颗粒状。在此过程中要随时检查茶叶的炒制成形情况以及锅温的变化，防止加热温度过高或过低，以免起泡或产生碎末（图 2-12）。

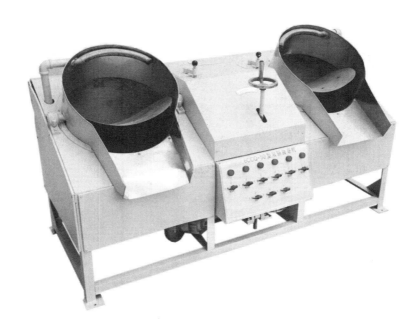

图 2-12　杭州千岛湖丰凯实业有限公司生产的双锅曲毫炒干机

工作原理：双锅曲毫炒干机主要用于卷曲形、颗粒形茶的做形和干燥过程。工作时，锅体（9）加热至一定温度，放入茶叶进行炒制，茶叶在锅中不断受到曲面炒板（10）和球形锅面（9）的反作用，促使茶叶逐渐卷曲形成颗粒。炒板（10）可通过曲柄摇杆机构（13）和皮带无极调速机构（3）进行运动和调速。炒制时，可根据情况进行炒幅、转速的调整（图 2-13）。

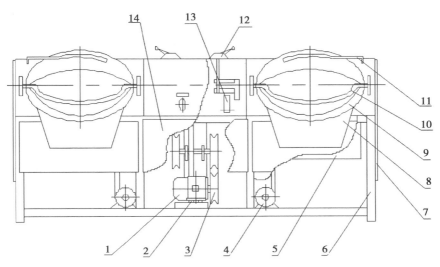

1.电机，2.减速杆，3.皮带无机调速机构，4.风罩，5.炉灶，6.机架，7.罩板，8.锅沿，9.锅体，10曲轴与炒板，11.风管，12.离合器，13.曲柄摇杆机构，14.电器板

图 2-13　双锅曲毫炒干机结构

7. 辉干机

辉干机的主要工作部件是瓶状炒茶筒，筒体多呈正多棱形，工作时置茶叶于筒体内，筒体外壁受热时匀速转动，带动筒体内茶叶边受热边随筒体翻炒，茶条在翻炒过程中在筒壁转动的离心力和筒壁的反作用力的作用下，作抛物运动，茶条之间相互摩擦，从而起到理直茶条和茶条表面光滑的作用，对提高茶叶香气也产生一定的作用（图 2-14）。

图 2-14　浙江上洋机械有限公司生产的辉干机

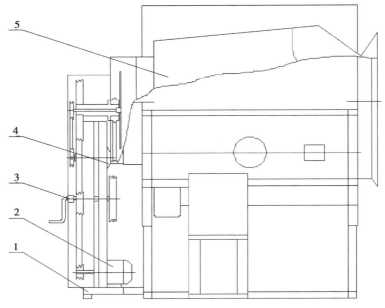

1.机架，2.主电机，3.调节装置，4.通风电机，5.辉干筒体

图 2-15　辉干机结构

工作原理：辉干机主要作用是去除叶内水分，便于贮藏；整理条形，进一步改进外形；同时使内含物质发生变化，提高内在品质。工作时，打开加热开关，启动筒体转动开关，使辉干筒体（5）在转动中加热至设定温度，投入茶叶在设定转速下进行炒制，并在炒制一定时间后打开通风电机（4）去除热气，定期检查筒体内在制茶叶的干燥度与形状，以茶叶不出现碎末，表面光滑，达到干燥度要求时即可出茶（图 2-15）。

8. 烘焙提香

该设备是一带转动茶叶搁架的电烘箱，其突出之处在于烘干茶叶箱体内温度较均匀，且烘干时间和温度易于控制，能够较好地提高茶叶香气（图 2-16）。

工作原理：烘焙提香机主要用于进一步制止酶性氧化，蒸发水分至茶叶足干，消除苦涩味，促进滋味醇和，改善茶叶内在品质，发挥和提高茶叶香气。工作时，开启电气箱（4），对箱体（5）内的空气进行加热，通过电机（2）上的风扇，使箱体（5）内的空气加热均匀，均匀温度热空气对搁置在茶架上的茶扁内茶叶进行加热烘焙提香（图 2-17）。

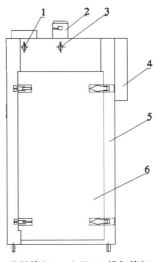

1.进风旋钮　2.电机　3.排气旋钮
4.电气箱　5.箱体　6.门

图 2-16　杭州千岛湖丰凯实业有限公司　　　　图 2-17　烘焙提香机结构
生产的茶叶烘焙提香机

第三节　扁形名茶

一、品质特征与要求

扁形名茶是指外形扁平挺直，色、香、味三者俱臻上乘品质的一类茶。该类茶品质特征为外形扁平、匀整；色泽黄绿，光滑油润；具有栗香或绿豆香，高锐、持久；汤色翠绿或黄绿，清澈明亮；滋味鲜爽甘醇，味中透香；叶底细嫩柔软，芽叶完整、嫩黄绿，明亮。要求原料为细嫩、匀净、新鲜的正常芽叶。采摘标准大多为单芽或一芽一至二叶初展，大小相称，匀净无杂。采摘时，均要轻采轻放，避免机械损伤，采后进行适当摊放，散失部分水分，尤其是要晾干表面水，以保证鲜叶原料新鲜、无损和适制的质量要求，且大多采自特定的优良茶树品种，如加工西湖龙井茶的茶树品种为国家级良种龙井43。扁形名茶的代表有西湖龙井、千岛玉叶、旗枪、茅山青峰，其主要品质特征如下。

西湖龙井茶为我国著名绿茶，产于浙江杭州西湖一带，品质特征：外形扁平光滑挺直，色泽嫩绿光润，香气鲜嫩清高，滋味鲜爽甘醇，叶底细嫩呈朵。有"色绿、香郁、味甘、形美"四绝的特点（图 2-18）。

图 2-18　西湖龙井茶

千岛玉叶茶为浙江省十大名茶之一，产于浙江省淳安县青溪一带，品质特征：外形扁平挺直，绿翠露毫。芽壮显毫，翠绿嫩黄，香气清高，内质清香持久，汤色黄绿明亮，滋味醇厚鲜爽，叶底嫩绿成朵。

旗枪茶为浙江省特种茶类之一，属扁形炒青名茶，产于浙江省杭州市西湖区和余杭、富阳、萧山等县市，品质特征：外形扁平光滑，叶芽整齐，色泽绿润，汤色清澈，香味醇和鲜爽，叶底柔软。

茅山青峰茶产于江苏省金坛市茅麓镇，品质特征：外形扁平，挺直如剑，色泽绿润，平整光滑，内质香气高爽，鲜嫩高长，汤色绿明，滋味鲜醇，叶底嫩绿明亮完整。

二、加工工艺、成套设备配置

1. 加工工艺

扁形名茶生产线基本加工工艺：摊放→杀青→冷却回潮→炒干。以龙井茶为例，生产线主要加工工艺流程：鲜叶分级→摊放→杀青→冷却回潮→理条→炒干→冷却回潮→辉锅。

（1）鲜叶分级。鲜叶进厂要分级验收、分别摊放，做到晴天叶与雨（露）水叶分开，上午采的叶与下午采的叶分开，不同品种、不同老嫩的叶分开。鲜叶质量与分级应符合 GB/T 18650—2008 的要求。

（2）摊放。鲜叶摊放在茶叶摊放机上进行，通过适当控制通风和鼓风方式调节鲜叶的失水和摊放时间，防止吹风失水过快而青焦红变。根据鲜叶数量和加工能力来调节摊青进程。摊放场所要求清洁卫生、阴凉、空气流通、不受阳光直射。摊放厚度视天气、鲜叶老嫩而定。二级及以上鲜叶原料每平方米摊放 1kg 左右，摊叶厚度控制在 3cm 以内；三级、四级鲜叶原料一般控制在 4～5cm。摊放时间视天气和原料而定，一般 4～8 小时。晴天、干燥天时间可短些；阴雨天应相对长些。高档叶摊放时间应长些，低档叶摊放时间应短些，掌握"嫩叶长摊，中档叶短摊，低档叶少摊"的原则。摊放过程中，中、低档叶轻翻 1～2 次，促使鲜叶水分散发均匀和摊放程度一致。高档叶尽量少翻，以免机械损伤。摊放程度以叶面开始萎缩，叶质由硬变软，叶色由鲜绿转暗绿，青气消失，清香显露，摊放叶含水率降至（70±2）％为适度。

（3）杀青（以 50 型电热滚筒杀青机为例）。操作要领：启动机器，当温度升至 200～300℃，筒体部分泛红时，开始投叶杀青。起始适当增加投叶量，然后再均匀投叶。观察杀青程度，按杀青程度调整投叶量的多少，以匀叶器的高低来控制或者通过自动计量设备调节投叶量。在杀青过程中，应随时检查水蒸汽散发、出叶等情况。如筒内水蒸汽弥漫、筒体不能前后透视时，应开启热风吹散蒸汽；如杀青程度偏嫩，应放低匀叶器，减少投叶量；如杀青程度偏老时，则升高匀叶器，以增加投叶量。杀青时，应随时检查筒温，并使温度稳定。对嫩叶，雨水叶，投叶量应适当减少，转速适当减慢，以增加杀青时间。杀青叶出筒后要及时通风散热，继续散发水蒸汽，降低叶温，促进叶内水分均匀分布，以利于理条。

技术参数：筒体温度在前中部为 250℃ 左右，尾端为 140℃ 左右。特级至一级鲜叶杀青时，滚筒转速 24 r/min，杀青时间 1.5～3min；二、三级鲜叶杀青时滚筒转速 28r/min，杀青时间 2～2.5min；雨水叶杀青时，滚筒转速 21r/min，杀青时间为 3～4min。每 1 小时处理鲜叶 60～90kg。

杀青程度：杀青叶含水量在 60％～64％，叶色暗绿，叶面失去光泽，叶质柔软、萎卷、折梗弯曲不断，紧捏叶子能成团，略带粘性，稍有弹性，青气消失，香气显露。

（4）冷却回潮（以 6CML75A 型冷却回潮机为例）。鲜叶经杀青后应及时冷却，尽快降温和散发水汽，防止杀青叶变黄，回潮时间以 30～60min 为宜。

（5）理条（以 220 型电热往返式茶叶振动理条机为例）。操作要领：振床的温度应根据回潮叶的含水量、嫩度进行调节。理条前，先将理条机预热，当理条机槽内温度达到 130～150℃ 时（即手离理条机槽面 5cm 高处有热烫感时），回潮叶方可上机理条。理条叶应均匀地投放在理条槽内，受热均匀，快速推挤成条。当理条槽内有茶汁积滞时，应及时擦洗清除，保持理条槽内光滑。

技术参数：理条温度在 130～150℃，理条时间为 3～5min。理条机台时产量为 40～50kg。

理条程度：茶叶成条，松紧自然，有峰苗似雀舌，理条叶含水量 50％～55％。理条叶下机后，应及时摊晾 5～10 min 后（可通过调节输送带转速，在输送装置上室温摊晾），即上炒干机炒干。

（6）炒干（以 6CCB-784 型扁形名茶连续自动炒制机为例）。操作要领：开启机械，将炒板转至上方，加温，当实际锅温升至设定温度时，开启炒板转动按钮，炒板转动。均匀投入理条叶，炒板翻炒茶叶，当芽叶受热变软，开始逐步加压，根据茶叶干燥程度，一般每隔 0.5min 加重一次，加压程度主要看炒板，以能带起茶叶、又不致使茶叶结块为宜。不得一次性加重压。锅温应先高后低并视茶叶干燥度及时调整，温度一般分二段：第一阶段锅温从回潮叶入锅内到茶叶柔软，一般在 1.0～1.5min；第二阶段是茶叶固形阶段，温度比第一阶段低 10～15℃，时间一般在 2.5～3.5min 到茶叶坚硬成形。这一阶段是"扁平、挺直"固形的重要时段，恒温炒，动作以"压、磨"为主。待茶叶炒至扁平挺直成形，含水率达 15%～20%，推开前面出料门自动出锅。炒制全程时间为 3～5min。茶叶炒制结束放松炒板，切断机器电源。在自动生产线中，一般采用三锅或四锅相连的扁形茶连续自动炒制机炒制，以 6CCB-982X 型扁形茶名茶连续炒制机为例，自理条叶进入的第一锅开始，三锅炒制温度分别为 217℃、188℃、185℃左右，每锅炒制时间约为 23 秒钟。

炒制温度：理条叶下锅温度应在 180～150℃ 为宜（机械温度计显示温度，下同），根据原料，特级、一级至二级应在 160～150℃、三级至四级应在 180～160℃，锅温应从高到低。

投叶量：投理条叶，特级每锅 100～150g，一级至二级 150～200g，三级～四级 250～300g。同类原料每锅投叶量应稳定一致。

炒制程度：芽叶呈扁平、挺直、坚硬、色绿一致，茶叶含水率降至 15%～20%，即可出叶下锅。

（7）冷却回潮（以 6CML75A 型冷却回潮机为例）。炒干叶经炒制后应及时冷却，尽快降温和散发水汽，防止杀青叶变黄，回潮时间以 30～60min 为宜。

（8）辉锅（以 6CHG-45 滚筒型名优茶辉干机为例）。操作要领：将筒体清理干净，打开加热开关，启动筒体转动开关，加热到设定的温度（一般需要约 10min 左右）。投入茶叶，启动筒体转动开关，35～40rpm 转速下炒制 4～5min，至茶叶受热回软，打开热风开关排除热气。定期检查筒体内在制茶叶的干燥与形状，以茶叶不出现碎末，表面光滑，达到干燥度要求时即可停机。

辉锅温度：温度在 130～110℃，筒壁温度在 80～90℃。辉锅全程时间为 15～20min。

辉锅投叶量：回潮叶 3～5kg，一般高档茶掌握在 3～4kg，中低档茶掌握在 4～5kg。

辉锅程度：形状扁平光滑挺直，含水率 6.5%以下。

2. 成套设备配置与关键设备结构

扁形名优绿茶加工生产线成套设备配置不是一成不变的，要视生产企业生产规模、产能需求、资金实力以及对生产线自动化程度的要求而定。近年来，由于扁形茶炒制机械有了长足的进步，如果掌握得当，单机或简易型机组配置也能够很好地满足茶叶加工工艺要求；连续化自动化程度较高的生产线，具有产能高、能耗低、节约劳动力及茶叶品质稳定等优势，茶叶加工企业可根据自身实际情况进行选择。一般情况下，扁形茶生产线成套设备配置有以下几种方案：

（1）简易型扁形茶生产线（一）——6CCB-3.5 简易型扁形茶生产线。产能：每小时鲜叶处理量：28kg

工艺流程：鲜叶投料→连续杀青理条→平移输送→提升输送→往复输送→茶叶炒制→平移输送→成品

设备配置平面布置方案（图 2-19、图 2-20）。

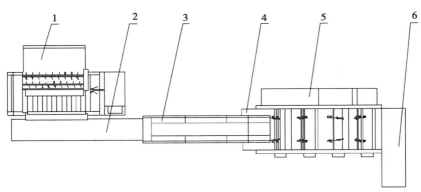

1.全自动茶叶理条机，2.平移振动输送机，3.提升机，4.自动称量投料机，
5.扁形名茶连续自动炒制机，6.平移振动输送机

图 2-19 6CCB-3.5 型扁形茶连续化加工成套设备

主要设备配置：6CL-60-13D 全自动杀青理条机（2 台）→平移振动输送机→提升机→6CL-435 自动称量投料机（2 台）→一分二往复输送→6CL-435 自动称量投料机→6CCB-983 扁形连续炒制机（2 台）→平移振动输送机。

适用对象：该生产线适用于一般农户、中小型茶叶合作社以及其他类型的茶叶加工企业。

图 2-20　6CCB-3.5 型扁形茶连续化加工成套设备照片

（2）简易型扁形茶生产线（二）——6CCB-7 简易型扁形茶生产线。产能：每小时鲜叶处理量：28kg

工艺流程：鲜叶投料→连续杀青理条→平移输送→提升输送→往复输送→茶叶炒制→平移输送→成品

设备配置平面布置方案（图 2-21、图 2-22）。

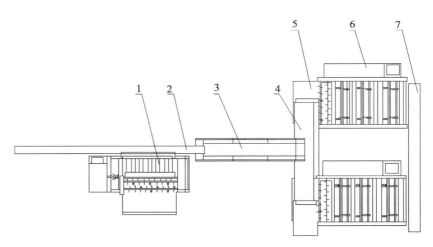

1.全自动茶叶理条机，2.平移振动输送机，3.提升机，4.往复输送机，5.自动称量投料机，
6.扁形名茶连续自动炒制机，7.平移振动输送机

图 2-21　6CCB-7 型扁形茶连续化加工成套设备

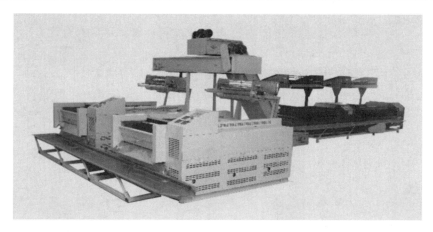

图 2-22 6CCB-7 型扁形茶连续化加工成套设备照片

主要设备配置：6CL-60-13D 全自动杀青理条机（2 台）→平移振动输送机→提升机→6CL-435 自动称量投料机（2 台）→一分二往复输送→6CL-435 自动称量投料机→6CCB-983 扁形连续炒制机（2 台）→平移振动输送机。

适用对象：一般农户、中小型茶叶合作社以及其他类型的茶叶加工企业。

（3）扁形茶生产线——6CCB-22b 扁形茶清洁化、连续自动化流水生产线。

产能：每小时鲜叶处理量：88kg

工艺流程：鲜叶投料→滚筒杀青→一次连续理条机→提升输送→风选→摊凉回潮→平移输送→提升输送→二次连续理条→提升输送→一分二往复输送→二分四往复输送→连续自动炒制→平移输送→成品。

设备配置平面布置方案（图 2-23、图 2-24）：6CTZ-3900 鲜叶提升机→6CST-60 生物质滚筒杀青机→6CSZ-2000B 连续理条机→6CTZ-1900 提升机→6CF-50 风选机→6CHB-6 摊凉回潮机→平移振动输送机→6CTZ-1500 提升机→6CSZ-2000B 连续理条机→提升输送→一分二、二分四系统→6CL-435 自动称量投料机→6CCB-984 扁形茶连续炒制机组→平移振动输送。

适用对象：中等规模以上茶叶加工企业，以及大中型扁形茶加工企业。

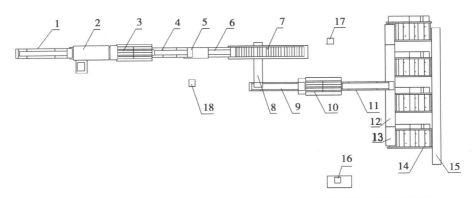

1.提升机, 2.滚筒杀青机, 3.理条机, 4.提升机, 5.风选机, 6.提升机, 7.摊凉回潮机,
8.平移振动输送机, 9.提升机, 10.理条机, 11.提升机, 12.往复平输机, 13.往复平输机,
14.连续炒制机, 15.平移振动输送机, 16.辉干机, 17.动力柜, 18.触摸屏

图 2-23　6CCB-22b 型扁形茶连续化加工成套设备

图 2-24　6CCB-22b 型扁形茶连续化加工成套设备照片

三、实例配置

扁形茶加工全程自动化生产线实例照片如图 2-25、图 2-26、图 2-27、图 2-28、图 2-29。

图 2-25　鲜叶→杀青

图 2-26　理条→冷却

图 2-27　炒制→摊凉

图 2-28　辉锅→成品

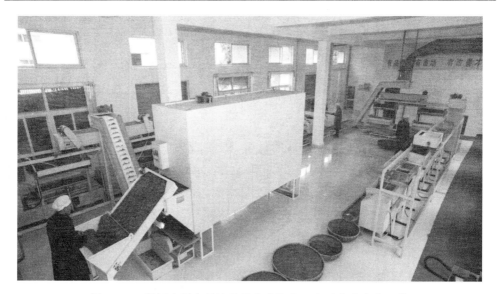

图 2-29　浙江省磐安县清连茶业有限公司扁形茶生产线照片

扁形茶加工全程自动化生产线平面布置如图 2-30 所示。

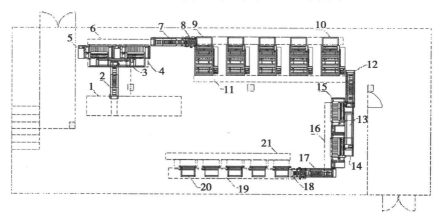

图 2-30　浙江省磐安县清连茶业有限公司扁形绿茶生产线

图 2-30 为中华全国供销合作总社杭州茶叶研究院为浙江省磐安县清连茶业有限公司设计的扁形绿茶生产线。

生产线机械设备配置如表 2-2。

表 2-2 扁形绿茶生产线机械设备配置

序号	名　　称	型号	功率（kW/台、组）	数量（台、组）
1	摊青机		0.75	1
2	提升机	1900	0.4	1
3	往复行车平输机	2200	0.4	1
4	行车机架			1
5	全自动理条机	60-13D	15.75	2
6	平移振动输送机	4200	0.37	1
7	提升机	1900	0.4	1
8	小车系统		0.36	1
9	小车系统机架	10000		1
10	连续炒制机	983	23.363	5
11	平移振动输送机	10000	0.37	1
12	提升机	1900	0.4	1
13	往复行车平输机	2200	0.4	1
14	行车机架			1
15	全自动理条机	60-13D	15.75	2
16	平移振动输送机	4500	0.37	1
17	提升机	1900	0.4	1
18	小车系统		0.36	1
19	小车系统机架	8800		1
20	扁茶炒制机	780	5.75	5
21	平移振动输送机	8000	0.37	1
生产线额定总功率（kW）			213.915	

其工艺流程为图 2-31。

摊青 ⟶ 杀青 ⟶ 冷却回潮 ⟶ 理条 ⟶ 炒干 ⟶ 冷却回潮 ⟶ 辉锅

图 2-31 扁形茶加工工艺流程

第四节　毛峰（卷曲）形名茶

一、品质特征与要求

毛峰茶多指烘青或半烘炒制作的细嫩绿茶，其基本工艺包括杀青、揉捻、初烘、摊凉回潮、干燥等几步工序。根据毛峰茶产品级别不同，原料嫩度从一芽一叶初展至一芽三叶初展不等。优质毛峰茶的品质特征为：外形色泽翠绿油润，呈卷钩形或卷曲成螺形，条索纤细紧实，茸毫披露，显芽锋；汤色嫩绿明亮，香气清高，滋味高爽，叶底嫩绿明亮。代表性产品有浙江的径山茶、雁荡毛峰，安徽的黄山毛峰，四川的峨眉毛峰，贵州的都匀毛尖等，其主要品质如下：

1. 径山茶

径山茶，以山得名，产于浙江省杭州市余杭区的天目山东北峰的径山。早在唐宋时期已经非常有名，日本僧人南浦昭明禅师在径山研习佛法（南宋时期），并学会植茶、制茶技艺，后将径山茶籽和饮茶器皿带回日本，并把碾茶法传入日本，对日本茶叶的发展起到深远影响。径山茶在新中国成立后，重新研制成功，并在1991年获得"中国文化名茶"称号，其品质特征为：外形纤细稍卷曲、锋苗显露带白毫、色泽翠绿；清香持久，滋味甘醇爽口，叶底匀嫩（图2-32）。

图 2-32　径山茶

2. 雁荡毛峰

雁荡毛峰茶，也是以山得名的我国传统历史名茶，产于浙江省乐清市内雁荡山的龙湫背、斗蟀洞和雁湖岗一带。据明代《乐清县志》记载："近山多有茶，唯雁山龙湫背清明采者为佳"。雁荡毛峰茶多采用福鼎大白、迎霜、翠峰等多茸毛品种为原料，其品质特征为：条索稍卷曲、细嫩秀长、色泽翠绿、芽毫显露；汤色浅绿明亮，嫩香高长，滋味爽口鲜醇，叶底肥嫩绿亮（图2-33）。

图 2-33 雁荡毛峰茶

3. 黄山毛峰

黄山毛峰茶是毛峰类茶叶最著名的产品，由清代光绪年间谢裕泰茶庄所创制，是我国十大名茶之一。黄山毛峰产于安徽黄山风景区内，尤以桃花峰、紫云峰、云谷寺、松谷庵、吊桥庵、慈光阁一带品质优异。特级茶要求原料嫩度以一芽一叶初展为标准，制成的产品外形细扁稍卷曲，白毫显露，色如象牙，黄绿油润，清香绵长，滋味浓醇爽和，茶汤清澈，叶底明亮，嫩匀成朵（图 2-34）。

图 2-34 黄山毛峰茶

4. 峨眉毛峰

峨眉毛峰茶是近年来创制的名茶新秀，产于四川雅安市的蒙山地区，是典型的红茶结合的毛峰类产品，其品质特征为：卷紧多毫，浅绿油润，叶嫩芽壮，芽叶纯整，汤色黄绿，清澈明亮，香高持久，味醇甘鲜（图 2-35）。

图 2-35　峨眉毛峰茶

二、加工工艺、成套设备配置

1. 加工工艺

毛峰茶（卷曲形）名优绿茶生产线基本加工工艺：鲜叶分类分级→鲜叶摊青→杀青（分为一次杀青和两次杀青）→风选→揉捻→解块→烘干（分为初烘和复烘）→提香。

（1）鲜叶分类及分级。鲜叶进厂时由鲜叶验收员根据进行所加工的产品验收定级，定级标准参照所依据的标准中"鲜叶质量与分级"规定的要求进行。不同鲜叶级别分别摊放，并做到不同品种、不同老嫩的叶分开，晴天叶与雨（露）水叶分开，上午采的叶与下午采的叶分开。

（2）鲜叶摊青（以绿峰茶机厂 6CTQ-200 摊青机为例）。6CTQ-200 摊青机外形尺寸（长×宽×高，mm）5 800×2 000×5 700，鲜叶处理量 800～1 000kg/h。鲜叶进厂前，打开电源使摊青机预先运转起来，清理前次摊青残留的叶片，避免对新的生产造成影响。鲜叶进场后应立即均匀薄摊于摊青机上，每平方米摊放量 1kg 左右，根据生产需要，调节摊青间内温湿度条件，控制摊青时间在 8h以内完成，摊青叶含水量控制在 68%～70%，摊放过程注意通风排湿，雨水叶应适当延长摊放时间。条件较差的，无法控制摊青条件的，采用适当调整摊青厚度的方法，控制摊青时间的长短。

（3）滚筒杀青（以上洋机械电热滚筒杀青机为例）。杀青作业前，先检查杀青机转动、传动部位是否正常，清除机体内杂物。机体清洁并运转正常后再开机。开机运转后，再启动加热装置。利用红外测温仪检测滚筒底部温度达到 200～230℃时，且出叶端的中心空气温度达 90℃左右时开始投叶，杀青时间一在50～60s，杀青程度掌握在含水量58%左右，杀青叶表现为叶质柔软、叶色暗绿、手握不黏、略有清香。

（4）微波补杀（以宜兴鼎新微波杀青机为例）。在滚筒杀青完成后，利用输送机将杀青叶冷却并除去黄片，与此同时送到微波杀青机的入口端。微波杀青机操作要领，打开传输带电源，使传输带运转起来，打开排湿开关，设定微波机温度115℃，传输带电机转速800r/min。待茶叶传输至微波箱内，启动微波电源，保证微波打开情况下茶叶连续不断的经过微波箱体。微波补杀后，叶色进一步转暗，含水量大约在53%左右，茶香初步显露。

（5）风选。待茶叶完成杀青工序后，使茶叶通过风选机，将杀青叶中单片或其他杂物剔除，保证茶叶品质。

（6）揉捻（以绿峰机械6CRZ40自动揉捻机组为例）。使用前先将揉捻机清理干净，再检查转动、传动装置是否完好有效。确定揉捻机可正常工作后，即可装入摊凉的杀青叶进行揉捻。6CRZ40型揉捻机，每桶投装量为10～12kg，揉捻时间40～50min。启动揉捻机时，一定要确保周边人员的安全距离。揉捻压力应掌握逐步加压，先轻后重，轻重交替的原则。名优茶因鲜叶原料嫩度较高，在揉捻加工过程中常以空压、轻压为主而少量施以中压，一般不施重压揉捻。揉捻工序目的主要为塑造外形，因此茶汁不可外溢过多，以免造成干茶色泽偏暗、茶汤发黄发暗等问题，以此影响茶叶品质。

（7）解块。在揉捻完成前，清理打扫解块机内胆，去除上次生产残留茶叶。清扫完成后，打开电源使解块机运转，调节揉捻叶的进料量，以免对解块机出口造成堵塞。操作人员应时刻检查解块过程，若堵塞立即关掉电源，再用木棒疏导堵塞的茶叶，然后再进行解块。解块要求茶叶无团块，无小球，粘连在一起的茶团较少，如有少数小球可人工进行解开。

（8）烘干（以上洋机械链板式烘干机为例）。烘干机使用前，清扫机体内的茶渣、灰尘以及其他杂物。打开控制开关，观察鼓风机、百叶板是否运转正常。确定烘干机正常后，先开传动轴使链板运转，再打开加热装置。毛峰茶烘干分初烘和复烘二次，中间摊晾回潮，初烘温度110～120℃，摊叶厚度1～2cm，烘至含水量18%～25%，以手轻捏茶叶有刺手感为适度；摊晾回潮0.5～1小时，待叶子回软后即可进行复烘；复烘温度80～90℃，摊叶厚度2cm左右，烘至含水量7%以下，立即下机摊凉。

（9）提香（以福建佳友JY-6CHZ提香机为例）。根据生产习惯，使用6CTH-60茶叶烘焙提香机进一步提高毛峰茶香气，提香温度设定80℃，时间5～10min，摊叶厚度控制在2～3cm。

2. 成套设备配置

毛峰（卷曲形）名优绿茶全程连续化生产线加工成套设备配置，包括各工序关键的加工设备、各工序间的链接输送设备以及与前述设备配套的控制系统。关键加工设备的选取包括加工设备类别与型号两个方面，加工设备的类别以生产单位习惯而定，如杀青可采用一次滚筒杀青，也可采用滚筒联合微波补杀的方式；生产设备型号主要依靠生产规模或未来发展规模而定。

毛峰（卷曲形）名优绿茶全程连续化生产线设备包括鲜叶摊青机、滚筒杀青机、微波杀青机、风选机、自动揉捻机组、解块机、烘干机等，以及根据厂房情况在各关键设备中间起输送、冷却、提升作用的链接设备。通过连续化生产线的建立，一方面可以减轻劳动强度提高生产力，另一方面能够极大稳定茶叶品质质量。

三、实例配置

以杭州余杭径山四岭茶厂为例，平面图、工艺路线图、生产设备配置表、照片如下：

1. 工艺路线图（图2-36）

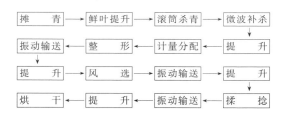

图2-36　径山四岭茶厂生产线布局

2. 平面图（图2-37）

3. 生产设备配置表（表2-3）

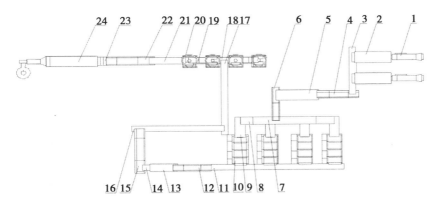

1.鲜叶输送机, 2.滚筒杀青机, 3.输送振动槽, 4.茶叶提升机, 5.微波缓苏机, 6.茶叶提升机,
7.往复不输机, 8.往复平输机, 9.输送振动槽, 10.连续扁茶机, 11.输送振动槽, 12.茶叶提升机,
13.风选机, 14.输送振动槽, 15.茶叶提升机, 16.平输机, 17.平输机, 18.往复平输机, 19.往复平输机,
20.揉捻机, 21.输送振动槽, 22.茶叶提升机, 23.解块机, 24.翻板烘干机

图 2-37　径山茶生产线工艺流程

表 2-3　径山四岭茶厂生产线设备配置

序号	名　　称	型号	功率（kW/台、组）	数量（台、组）
1	摊青机	6CTQ-200	3	1
2	平输机	—	0.37	1
3	茶叶提升机	FSZ50/08	0.75	1
4	往复平输机	FSP40/1.55	0.37	1
5	输送机	—	0.37	1
6	滚筒杀青机	6CST-50D	24.75	2
7	输送振动槽	ZDC22BC	0.55	1
8	茶叶提升机	FSZ50/08	0.75	1
9	微波杀青机	DXWS-15C	17	1
10	茶叶提升机	FSZ50/08	0.75	1
11	往复平输机	FSP40/2.65	0.37	1
12	移动往复平输机	—	0.52	1
13	计量进料器	—	0.28	1
14	连续理条机	6CLXL11/8	18.55	4
15	输送振动槽	ZDC22BC	0.55	1
16	茶叶提升机	FSZ50/08	0.75	1
17	茶叶风选机	6CFC-25A	0.25	1
18	输送振动槽	ZDC22BC	0.55	1
19	过渡振动槽	—	0.33	1

续表

序号	名　　称	型号	功率（kW/台、组）	数量（台、组）
20	茶叶提升机	FSZ50/08	0.75	1
21	平输机	FSP40/2.05	0.37	1
22、23	往复平输机	FSP40/1.85	0.37	2
24	自动揉捻机组	6CRZ40（4）	4.4	1
25	检修平台	TOP40（3）C	—	1
26	输送振动槽	ZDC22BC	0.55	1
27	茶叶提升机	FSZ50/08	0.75	1
28	翻板烘干机	6CHB20	2.45	1
生产线额定总功率（kW）				161.22

4. 生产线照片（图 2-38）

图 2-38　径山四岭茶厂生产线现场照片

第五节　针（芽）形名茶

一、品质特征与要求

针芽形名优绿茶，顾名思义，是指其外形类似于针状或自然嫩芽形状的绿茶，多为细嫩炒青或蒸青。其原料多采用肥壮的单芽，或一芽一叶至多不超过一芽二叶初展的鲜叶。加工过程一般包括摊青、杀青、揉捻、做形、干燥等几个步骤，所不同的是，一般芽形茶大多不经过揉捻，而针形茶多需要揉捻才能达到其紧细圆直的品质要求。针芽形名优绿茶通常外形夺目，内质慑人，表现为挺拔劲直，翠绿油润，香高清长，回味甘爽。在国内茶区有很多针芽形茶的代表性茶品，如浙江的开化龙顶、诸暨绿剑、武阳春雨，江苏的金坛雀舌，四川的竹叶青，湖南的安化松针，湖北的恩施玉露等，其品质特征如下。

1. 开化龙顶

开化龙顶是 20 世纪 70 年代末开发出的浙江名茶，产于衢州市开化县的齐溪、池淮等乡镇。该地气候温和，土壤肥沃，有"兰花遍地开，云雾长年润"之称，自然条件十分优越。龙顶茶多采用一芽一、二叶初展为原料，所制成品紧直挺秀，绿润带毫；香气馥郁持久，以板栗香为主，少数兰花香为上品；滋味鲜醇爽口，回味甘甜；汤色杏绿明亮；叶底肥嫩匀齐（图 2-39）。

图 2-39　开化龙顶茶

2. 金坛雀舌

金坛雀舌产于江苏省常州金坛市的方麓茶场，是江苏省名茶。茶区主要分布于道教名山茅山脚下，境内山峦起伏，苍松翠竹连绵，水库塘坝密布，景色旖旎。金坛雀舌多采用龙井 43、龙井长叶、鸠坑等品种的一芽一叶初展原料制成，因其造型精巧、香高味爽屡获好评。其品质特征为：外形俊挺、略扁，形似雀舌，色泽绿润有光，香气清高，滋味纯爽，汤色清澈透亮，叶底匀嫩成朵（图2-40）。

图 2-40　金坛雀舌茶

3. 竹叶青

竹叶青产于四川峨眉山，不仅是四川茶叶的名片，而且在国内深受消费者欢迎。峨眉山自古出好茶，宋代诗人陆游有诗云"雪芽近自峨眉得，不减红囊顾渚春"。竹叶青茶多以四川中小叶种及福鼎大白茶的单芽或一芽一叶初展为原料制成，其中以峨眉山万年寺、清音阁、白龙洞一代所产最佳，其外形扁平挺直，色翠油润，香气浓郁持久、栗香明显，滋味鲜嫩纯爽，汤色黄绿透亮，叶底均匀（图 2-41）。

图 2-41　竹叶青茶

4. 恩施玉露

恩施玉露是我国十大名茶之一，也是我国保留传统蒸青制法为数不多的绿茶产品。恩施玉露相传为清朝康熙年间研制，发源于湖北恩施州芭蕉乡一带，此地位于五峰山区，雨量充沛、土质肥沃，较好的自然禀赋使茶叶持嫩性强，品质极佳。特级玉露采摘一芽一叶初展鲜叶原料，经细致拣剔，除去病虫叶、破损叶、污染叶后制成，其品质特征表现为紧圆光滑，挺直如针，色泽苍翠绿润，汤色嫩绿明亮，香气清鲜，滋味醇爽（图 2-42）。

图 2-42 恩施玉露茶

二、加工工艺及成套设备配置

1. 加工工艺

针芽形名优绿茶生产线基本加工工艺：鲜叶分类分级→鲜叶摊青→杀青（分为一次杀青和两次杀青）→理条做形→风选→炒干（分为初干和足干）→提香。

（1）鲜叶分类及分级。优质针芽形茶原料要求一芽一叶初展，色泽浓绿，尽量不采摘虫伤叶、紫色叶、雨水叶、露水叶、节间过长以及特别肥硕的芽叶。采回后经拣剔，除去不合格鲜叶，使嫩度、匀度、净度达到要求标准。根据品种、表面含水量的差异、嫩度大小，将分类分级的鲜叶分别装篓运回加工厂。

（2）鲜叶摊青。鲜叶进厂前，打开电源使摊青机预先运转起来，清理前次摊青残留的叶片，避免对新的生产造成影响。摊青机具有鼓风、加热及加湿功能，春茶自动送风控制时间为20min，停止40min；温度控制在28℃左右，相对湿度控制在60%～65%。鲜叶进场后应立即均匀薄摊于摊青机上，每平方米摊放量1kg左右，利用摊青机皮带循环输送进行鲜叶翻拌，每2h进行一次，皮带传动要慢，尽量减少因翻拌导致的鲜叶损伤。控制摊青时间在 8h 以内完成，摊青叶含水量控制在 68%～70%，摊放过程注意通风排湿，雨水叶应适当延长摊放时间。

（3）电磁杀青（以余姚姚江源 80 型电磁杀青机为例）。杀青作业前，先检查杀青机转动、传动部位是否正常，清除机体内杂物。机体清洁并运转正常后再开机。开机运转后，再启动加热装置。利用红外测温仪检测滚筒底部温度达到 240～280℃时，且出叶端的中心空气温度达 95℃左右时开始投叶。在出口处观察杀青叶程度，按杀青程度来调整投叶量的多少，投叶量通过分配器进行调节。杀青时间一在 70～80 秒钟，杀青程度掌握在含水量 58%左右，杀青叶表现为叶质柔软、叶色暗绿、手握不黏、略有清香。"一芽一叶"初展至"一芽二叶"台时产量为 150～200kg/h，如若摊青不足含水量较高，应相应减少投叶量或调整滚筒转速增加杀青时间至 90～100s。

（4）微波补杀（以宜兴鼎新 DXWS-15C 微波杀青机为例）。为提高绿茶色泽品质，通常采用滚筒嫩杀再加以微波补杀的方式完成杀青工序。在滚筒杀青完成后，利用冷却输送机将快速冷却的芽叶送到微波杀青机的入口端。微波杀青机操作要领，打开传输带电源，使传输带运转起来，打开排湿开关，设定微波机温度 125℃，传输带电机转速 1 000r/min。待茶叶传输至微波箱内，启动微波电源，保证微波打开情况下茶叶连续不断的经过微波箱体。微波补杀后，叶色进一步转暗，含水量约在 52%左右，茶香初步显露。

（5）汽热杀青（以上洋机械 6CSZ-65 汽热杀青机为例）。除采用滚筒杀青和微波杀青外，在我国还有一些地方的针芽形茶生产，习惯性采用汽热杀青的方式，如前面提到的湖北恩施玉露以及江苏的金坛雀舌。汽热杀青采用过热蒸汽的方式钝化茶叶中的酶类，然后通过脱去表面水进入与其他针芽形茶相同的加工路径。

杀青前，对汽热杀青机进行常规运转检测，确定无碍后开机运转。当锅炉蒸汽达到设定温度后，再通入过热蒸汽。春茶期间一般温度设定 140℃，蒸汽压力在 0.1～0.15kg/cm²，杀青时间控制在 25～30 秒钟，一芽一叶投叶量在 95～105kg/h。杀青后的叶子通过高温热风除湿履带除湿，热风温度设定在 80～90℃。除湿后，整个汽热杀青过程完成，此时叶片含水量 60%左右，色泽翠绿，有粘性但无团块，清香持久。

（6）揉捻（以绿峰机械 6CRZ40 自动揉捻机组为例）。揉捻并非针芽形茶加工工艺所必须的工序，但国内有些茶类名品，诸如南京雨花、安化松针等为了追求更加紧细、圆直的外形特征，在理条做形前利用揉捻机将茶条揉细卷紧，而后再利用精揉机滚揉搓条，使茶条回直。针芽形茶的揉捻不同于毛峰茶，揉捻压力相对较轻，但仍遵循逐步加压，先轻后重，轻重交替的原则。6CRZ40 型揉捻机，每桶投装量 12kg，揉捻时间 30min。揉捻完成后，经解块后于精揉机上搓条。

（7）理条做形（以上洋机械 6CLXL 系列连续理条机为例）。理条做形工艺根据针芽形茶产品特征不同，选择的理条技术工艺也不同。目前，生产线配置的理条做形方式多采用 2 次或 3 次连续理条，即在每次连续理条后，通过冷却输送再进入理条机进行理条，如此反复 2 或 3 次。理条次数越多，时间越久，往往成品茶叶色泽会偏灰偏暗，但外形将更为挺直俊秀。因而综合考虑外形和色泽品质，选择合适的理条做形工艺。下面列出两种常用的理条做形工艺搭配。

二次式理条做形工艺：第一次理条采用 6CLXL8/8 连续理条机，设定理条温度 150℃，控制流量 35kg/h，振动槽往复次数 160 次/min，控制含水量至 42% 左右，茶条初步卷紧，略有刺手，茶香显露。通过冷却输送机，将芽叶送入第二次理条机中，第二次理条采用 6CLXL11/8 连续理条机，设定理条温度 120℃，控制流量 28kg/h，振动槽往复次数 200 次/min，控制含水量至 35% 左右，茶条秀圆紧直，色泽嫩绿油光。

三次式理条做形工艺：第一次理条采用 6CLXL8/8 连续理条机，设定理条温度 220℃，控制流量 35kg/h，振动槽往复次数 160 次/min，控制含水量至 45% 左右。通过冷却输送机，将芽叶送入第二次理条机中，第二次理条采用 6CLXL11/8 连续理条机，设定理条温度 180℃，控制流量 28kg/h，振动槽往复次数 200 次/min，控制含水量至 38% 左右。再次利用冷却输送机，将芽叶送入第三次理条机中，第三次理条采用 6CLXL11/8 连续理条机，设定理条温度 150℃，控制流量 30kg/h，振动槽往复次数 200 次/min，控制含水量至 32% 左右。

（8）炒干（以湘丰茶机厂产六角滚筒炒干机为例）。炒干机使用前，打扫机体内的茶渣、灰尘以及其他杂物。打开控制开关，使炒干机运转后再接通加热电源。炒干过程分为初干和足干两个阶段，初干设定炒干机温度 120～125℃，炒至含水量 25% 左右，茶条在六角炒干机中进一步卷紧、磨光，此时芽叶部分发硬，刺手感明显，略有弹力；足干设定炒干机温度 90～105℃，炒至含水量 7% 以下，茶条此时紧结挺直，茶毫隐现，色泽深绿光亮。在两个干燥阶段之间，利用冷却回潮机将初干芽叶快速回软，使内部与表面水分分配均匀。

（9）提香（以福建佳友 JY-6CHZ 提香机为例）。在茶叶出厂前，利用 JY-6CHZ 烘焙提香机进一步提高针芽形茶香气，提香温度设定 95℃，时间 10～15min，摊叶厚度控制在 3cm 左右。待含水量在 5% 时，香气浓郁即可。

2. 成套设备配置

针芽形名优绿茶全程连续化生产线因加工工艺不同，其生产设备的配置方式略有差异，一类采用汽热杀青作为核心配置生产设备，另一类采用滚筒杀青作为核心配置生产设备。所不同的是，由于汽热杀青增大了茶条含水量，相对的理条做形时间可以适当延长，因而体现在设备搭配上表现为理条做形次数的增多。

常见针芽形名优绿茶全程连续化生产线设备包括鲜叶摊青机、汽热杀青机（或滚筒杀青机＋微波杀青机）、连续理条机、六角炒干机、烘干机等，以及各关键设备中间起输送、冷却、提升作用的连接设备。有一些特别的针芽形名优绿茶全程连续化生产线因包含揉捻工艺，而使得设备搭配略有不同，其包括鲜叶摊青机、汽热杀青机、揉捻机、解块机、连续理条机、精揉机、六角炒干机、烘干机、提香机等。

三、实例配置

1. 以开化县名茶开发公司为例

（1）平面图（图2-43）。

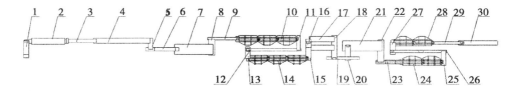

图 2-43　开化龙顶茶生产线平面布置

（2）工艺路线图（图2-44）。

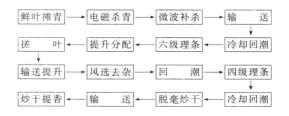

图 2-44　开化龙顶茶生产线工艺流程

（3）生产设备配置表（表2-4）。

表 2-4　开化县名茶开发公司生产线设备配置

序号	名　称	设备型号	功率（kW/台、组）	数量（台、组）
1	鲜叶输送机	—	0.55	1
2	电磁杀青机	YJYEM-80-A	101.1	1
3	振动槽	ZDC22BC	2.2	1
4	微波杀青机	DXWS-15C	10	1
5	斜式平输机	FSP40/2	0.37	1
6	立式输送机	—	1.1	1
7	回潮机	—	1.62	1
8	往复平输机	FSP50/3.0G	0.55	1
9	立式输送机	—	1.1	1
10	连续理条机	6CLXL8/8	22.1	3
11	斜式平输机	FSP40/2	0.37	1
12	立式输送机	—	1.1	1
13	移动平输机	FSP40/2.5Y	0.55	1
14	连续理条机	6CLXL11/8	19.1	3
15	立式输送机	—	1.1	1
16	往复平输机	FSP40/1.5	0.37	1
17	滚筒式理条机	—	10.55	2
18	立式输送机	—	1.1	1
19	茶叶风选机	EF40A	1.1	1
20	立式输送机	—	1.1	1
21	回潮机	—	1.62	1
22	往复平输机	FSP50/4.0G	0.55	1
23	立式输送机	—	1.1	1
24	连续理条机	6CLXL11/8	19.1	2
25	斜式平输机	FSP40/2.5	0.37	1
26	立式输送机	—	1.1	1
27	移动平输机	FSP40/2.5Y	0.55	1
28	连续理条机	6CLXL11/8	19.1	2
29	立式输送机	—	1.1	1
30	输送储料斗	—	0.55	1
31	平输固定支架	—	—	—
32	炒干机组	—	17.5	2
生产线额定总功率（kW）			388.42	

（4）生产线照片（图2-45）。

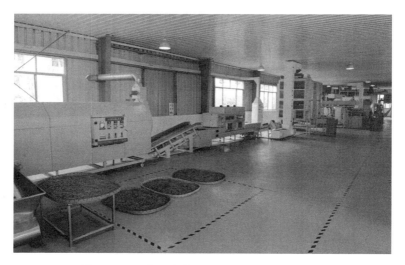

图2-45　开化县名茶开发公司生产线现场照片

2. 以诸暨绿剑茶业公司为例

（1）平面图（图2-46）。

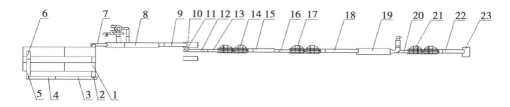

图2-46　诸暨绿剑茶生产线平面布局

（2）工艺路线图（图2-47）。

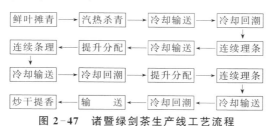

鲜叶摊青 → 汽热杀青 → 冷却输送 → 冷却回潮

连续条理 ← 提升分配 ← 冷却输送 ← 连续理条

冷却输送 → 冷却回潮 → 提升分配 → 连续理条

炒干提香 ← 输　送 ← 冷却回潮 ← 冷却输送

图2-47　诸暨绿剑茶生产线工艺流程

（3）生产设备配置表（表 2-5）。

表 2-5 诸暨绿剑茶业公司生产线设备配置

序号	名　称	设备型号	功率（kW/台、组）	数量（台、组）
1	摊青机	6CTQ-200	1.5	2
2	往复平输机	FSP40/2.3	0.37	1
3	振动槽	ZDC22BC	0.55	1
4	茶叶提升机	FSZ50/08	0.75	1
5	平输机	FSP50/2.2	0.25	1
6	往复平输机	FSP40/1.5	0.37	1
7	茶叶提升机	FSZ50/08	0.75	1
8	汽热杀青机	6CSZ-65	7.63	1
9	冷却输送机	—	0.87	1
10	摊晾平台	6CTLT1/2B	0.16	2
11	平输机	FSP50/2.2	0.25	1
12	振动槽	ZDC22BC	0.55	1
13	茶叶提升机	FSZ40/11A	0.75	1
14	连续理条机组	6CLXL8/8	19.1	1
15	冷却输送机	—	0.87	1
16	茶叶提升机	FSZ50/08	0.75	1
17	连续理条机组	6CLXL11/8	19.1	1
18	冷却输送机	—	0.87	1
19	翻版回潮机	6CFH6	1.1	1
20	茶叶提升机	FSZ50/08	0.75	1
21	连续理条机组	6CLXL11/8	19.1	1
22	冷却输送机	—	0.48	1
23	摊晾平台	6CTLT1/2B	0.3	1
24	六角辉干机	6CHG60	3.37	6
生产线额定总功率（kW）			99.05	

（4）生产线照片（图 2-48）。

图2-48 诸暨绿剑茶业公司生产线现场照片

（5）生产线关键设备结构。

① 自动摊青室：

设计方案是在现有摊放贮青机的基础上改进而来，采用开放式摊青储放，方便摊青过程中操作人员对鲜叶的实时观察监控和机器的维修保养，研制的自动摊青室可增加摊叶量（可达 12～13 层，长度可达 20～30m），可控温、控湿、控时，自动上下鲜叶原料。

自动摊青室基本结构如图 2-49 所示。

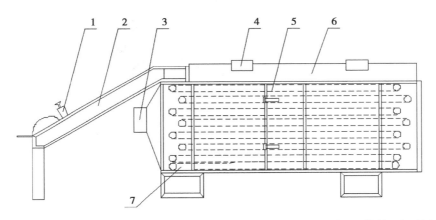

1.匀叶装置，2.上叶输送，3.制冷装置，4.抽风机，5.网带，6.抽风、制冷循环控制，7.扫叶层

图 2-49　6CTF-150 鲜叶摊放机结构

自动摊青室特点是实现摊青条件的三控，即控温、控湿、控时，并满足自动上下鲜叶原料的功能；有效摊青面积大，提升至 5～6kg/㎡（常规的 2～3kg/㎡）；摊青过程中可定时往复上下鲜叶，实现鲜叶定时翻动，保证摊青均匀；节约摊青面积 3～5 倍，降低劳动强度。

② 可调式连续理条机：

设计方案已改变传统理条机由单台纵向往复运动为双台横向往复运动，实现在制品上料出料流畅；同时采用螺杆调节装置（手动和电动）达到槽锅倾斜度在线可调，达到在制品流量、流速可控，上叶口采用多层鲜叶分配条，实现均匀上叶。

可调式连续理条机照片，如图 2-50 所示。

可调式连续理条机特点是可均匀上叶，槽锅倾斜角度可调，调节幅度为 0～5°；在制品流量、流速可控；往复运动方向改变，在制品上料、出料流畅。

图 2-50　连续理条机组

第六节　条形名茶

一、品质特征与要求

条形茶，即外形呈条索状，条索有松有紧，茸毫有显有隐，形状似眉似钩，其品质特征主要为：外形条索紧卷稍弯曲，白毫显露，芽叶完整、匀齐；汤色黄绿明亮，香气清高，滋味鲜爽回甘；叶底绿明，芽叶成朵。条形名茶以春茶为主，一般于清明前后采摘，鲜叶采摘要求较高，以一芽一叶为主。

条形茶是我国名茶中产区最广泛、数量最多、种类较丰富的绿茶种类，如浙江景宁的金奖惠明，安徽的松萝茶，江西的婺源茗眉，河南的信阳毛尖，贵州的乌蒙毛峰，湖南的江华毛尖和高桥银峰，湖北的采花毛尖，江西的庐山云雾、广西壮族自治区桂平西山茶等。不同名优茶，除了符合所属种类的基本品质特征和采摘要求外，还具有各自独特的特征和鲜叶采摘标准。

1. 金奖惠明

金奖惠明茶鲜叶标准以一芽二叶初展为主，其成品外形条索细紧匀整，苗秀有峰毫，色泽绿润；内质香高而持久，有花果香，汤色清澈明亮，滋味甘醇爽口，叶底嫩绿明亮（图2-51）。

图 2-51　惠明茶

2. 三杯香

三杯香是泰顺县大宗绿茶产品之一，属炒青绿茶，其色似莲子蕊，香气清幽，滋味浓，以香高味醇，经久耐泡得名。三杯香采摘原料以一芽二叶为主，品质特征为：外形细紧、直，有锋苗，大小均匀，色泽油润，清香持久，三杯犹存余香，滋味浓醇，回味甘甜，汤色清澈明亮，叶底嫩匀黄绿的特点（图2-52）。

图 2-52　三杯香茶

3. 信阳毛尖

信阳毛尖素以"色翠、味鲜、香高"著称，其条索细紧圆直，锋苗挺秀，色泽翠绿，白毫显露；汤色嫩绿明亮，香气高长，滋味鲜醇；叶底芽壮，嫩绿匀整。信阳毛尖的鲜叶要求细嫩、匀净，于清明节后开始采摘，所选茶树品种主要有信阳 10 号、槠叶种、福鼎大白等中小叶种。

二、加工工艺、成套设备配置

1. 加工工艺

条形绿茶初制工艺分杀青、揉捻、做形、干燥等工序。鲜叶经杀青后，经过揉捻成条索状，然后炒干或烘干定形而成。揉捻是条形茶成条的关键工序，有利于后续做形；做形工序，是条形茶成形的主要工序，不同类型的条形茶根据各自的外形特征有不同的加工要求，现有的多数条形名茶通常需要理条过程来改善外形；炒青条形名茶的干燥方法主要是锅炒干燥，也有先炒后烘，该工序能使条索进一步紧结。条形绿茶初制工艺有手工和机械两种方式，手工做茶通过推揉、滚揉、搓揉等手势使条索卷紧成条，翻炒结合及搓条能使条索直而紧结。目前，为了实现名优茶的连续化、标准化和规模化生产，很多茶区相继引进名优茶生产线，使条形茶的加工逐步趋于机械化。以三杯香茶为例来介绍条形（炒青）名茶的加工工艺。

三杯香茶的基本加工工艺：摊青、杀青、揉捻、初烘、炒干和毛茶整理。

摊青：鲜叶均匀薄摊于竹篾席上，厚度为 6~8cm，时间为 4~6h，每隔 2h 翻动一次。摊放适度的标准：叶质发软，叶芽舒展，发出清香，颜色暗绿。环境要求：室内温度 25℃左右，保持周围清洁卫生、阴凉通风。

杀青：杀青温度：距出叶处 20cm 筒内空气温度达 120~130℃。杀青时间：视滚筒长短和原料老嫩程度、含水量高低而定，一般 1~4min。适度标准：叶面失去光泽，不带红梗红叶，茎梗折而不断，手握成团，松手即散，略有粘性，略带清香。杀青叶出筒时用鼓风机快速降温，并及时摊开，切忌堆积。

揉捻：投叶量视揉捻机型号而定，一般在 15kg 左右，揉捻加压采用轻、重、轻交替进行。揉捻时间视杀青叶老嫩和杀青程度而定，一般 30~50min 为宜。

初烘：采用高温快烘方法，风温 95~115℃为宜，摊叶厚度 2cm 左右。时间视不同烘干机和摊叶厚度而定，一般 8~12min。适度标准：叶子不黏，手捏仍稍能成团，松手后能弹散，含水率在 40%~45%，薄摊冷却回潮。

炒干：一般每筒投叶量为 25~60kg，筒温 90~100℃，炒至条索紧结，足干，含水率 5%～6%，出锅及时摊凉。

根据各级三杯香毛茶的品质状况，通过筛分、拣剔、风选、补火提香、匀堆装箱等工序，进行再加工，以达到商品茶品质要求。

2. 成套设备配置

条形（炒青）名茶全程自动化生产线加工成套设备，包括茶叶预处理设备、炒制设备、揉捻设备、包装设备及将上述设备相互连接的茶叶输送设备，这些配套装置均连接中央控制装置。所述设备包括鲜叶摊青机、滚筒杀青机、摊凉回潮机、自动揉捻机、茶叶解块机、瓶式炒干机、链板烘干机、输送机、风选机及包装机，条形（炒青）茶全程自动化加工成套设备上还设有茶叶失水量检测装置。

三、实例配置

图 2-53　浙江四贤茶业有限公司三杯香茶自动生产线

1. 浙江四贤茶业有限公司三杯香自动生产线实例照片（图 2-53、图 2-54）

图 2-54　三杯香（条形）茶生产线中的揉捻机组

2. 条形（炒青）名茶加工全程自动化生产线平面布置图（图 2-55）

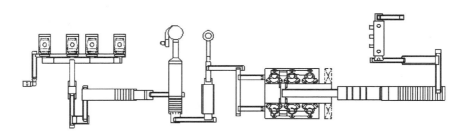

图 2-55　三杯香（条形）茶生产线平面布置

3. 以浙江四贤茶业有限公司三杯香自动生产线为例，产量以炒青干茶 40kg/h 为例。其工艺流程图如图 2-56

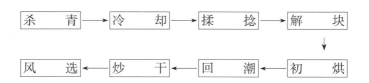

图 2-56　条形茶加工工艺流程

4. 生产线机械设备配置（表 2-6）

表 2-6 条形绿茶生产线机械设备配置

序号	名　　　称	设备型号	功率（kW/台、组）	数量（台、组）
1	鲜叶输送机		0.55	1
2	滚筒杀青机	6CST80	1.5	1
3	提升机		0.55	1
4	冷却机	6CML75	1.81	1
5	提升机		0.55	1
6	自动揉捻机组	6CRZ55	14.7	1
7	提升机		0.55	2
8	平输机		0.37	1
9	提升机		0.55	1
10	滚筒解块机	6CJK80	1.5	1
11	平输机		0.37	1
12	提升机		0.55	1
13	茶叶烘干机	6CH16	10.5	1
14	提升机		0.55	1
15	茶叶回潮机	6CHC15	0.92	1
16	提升机		0.55	1
17	电子称量装置	6CDC35C	0.12	1
18	平输机		0.37	1
19	诱导式提升机	DT5	0.55	1
20	瓶式炒干机	6CPC100	1.1	4
21	提升机		0.55	1
22	立式风选机	6CRC60	0.75	1
生产线额定总功率（kW）			40.06	

第七节　曲毫（颗粒）形名茶

一、品质特征与要求

曲毫（颗粒）形名茶是指在摊放、杀青、做形、干燥等加工过程中，在制品茶叶受到回旋力的揉捻，向心力的炒制加工后，芽叶成条再卷曲成颗粒形的茶叶。该类型的茶以一芽一叶初展至一芽三叶初展的鲜叶为原料，鲜叶等级划分清晰，老嫩、大小相称，加工后的外形有的盘花勾曲而显毫，有的卷曲成颗粒、翠绿隐毫油润。曲毫（颗粒）形茶有历史名茶，也有新创名茶，其总的品质特征为：外形卷曲呈勾曲形或颗粒状，因而又叫颗粒形茶，其色泽绿润，身骨重实，匀整；汤色黄绿明亮，香气高爽浓郁，滋味醇厚、耐泡，叶底尚成朵、较完整。代表性产品有浙江的平水日铸、羊岩勾青、奉化曲毫、安徽的涌溪火青、休宁松萝，贵州的绿宝石等，其主要品质如下。

1. 平水日铸

平水日铸茶产于浙江省绍兴县会稽山日铸岭一带。历史上（宋代）绍兴会稽山盛产众多名茶，其中，因为日铸茶与卧（瑞）龙茶品质最佳，成为贡茶，赢得了许多文人墨客的赞誉，当时的大文学家欧阳修称："两浙之品，日注（铸）第一"。历史上的平水日铸茶是一碗老茶，极具传承价值，今天的平水日铸茶是传承与创新的产品，其品质特征为：外形盘花呈颗粒状，色泽绿润隐毫，身骨重实，匀整；汤色嫩绿明亮，香气浓郁鲜爽，滋味醇厚甘鲜，叶底尚成朵、完整，耐冲泡，耐贮藏（图2-57）。

2. 羊岩勾青

羊岩勾青产于浙江省临海河头镇的羊岩山茶场，浙江省名茶，以香味优异深得当地消费者的喜爱。茶树为当地群体良种，采摘鲜叶嫩度以"一芽一叶"开展与"一芽二叶"展为主。其品质特征为外形紧卷呈勾曲形，色泽翠绿鲜活，汤色嫩绿清澈明亮，香高鲜嫩持久，滋味醇爽，叶底嫩匀成朵，耐冲泡，耐贮藏。

图 2-57　平水日铸茶

3. 涌溪火青

涌溪火青茶产于安徽皖南泾县黄田乡涌溪，生产历史已有五百余载，曾为历朝贡茶。产地风景秀丽，层峦叠嶂，山清水秀；鲜叶采摘以一芽二叶初展至一芽三叶初展为标准，制作精良；成品盘花成腰圆形，紧结似珠粒，重实、落杯有声；色如墨玉，油润有毫；汤色杏黄明亮，香气高爽带兰香，滋味醇正甘爽，叶底嫩匀成朵，耐冲泡，耐贮藏。

4. 绿宝石

绿宝石茶的原料来自贵州省海拔 1 000m 以上云贵高原的茶园，采摘标准为一芽二、三叶，贵州省新创名茶。其品质特征为：外形盘花呈颗粒形，紧实如绿宝石，色泽绿润；冲泡后汤色黄绿明亮，栗香浓郁，滋味醇厚鲜爽，叶底自然舒展成朵，绿嫩鲜活。

二、加工工艺、成套设备配置

1. 加工工艺

曲毫（颗粒）形名茶生产线基本加工工艺：鲜叶分类分级→摊放→杀青→摊晾→揉捻→滚二青→摊晾→初炒→摊晾→复炒→摊晾→烘干。

（1）鲜叶分类分级。鲜叶进厂时由鲜叶验收员根据进行所加工的产品验收定级，定级标准参照所依据的标准中"鲜叶质量与分级"规定的要求进行。不同鲜叶级别分别摊放，并做到不同品种、不同老嫩的叶分开，晴天叶与雨（露）水叶分开，上午采的叶与下午采的叶分开。

（2）鲜叶摊放。摊放方式：应在摊放器具上进行，以室内自然摊放为主，可通过适当控制通风，关闭或开放门窗来调节鲜叶的失水。必要时可用鲜叶脱水机脱除表面水后再行摊放，也可用鼓风方式缩短摊放时间。有条件的可在空调室内或用专用摊青设备进行摊放，根据鲜叶数量和加工能力来调节摊青进程。摊放场所要求清洁卫生、阴凉、空气流通、不受阳光直射。

摊放厚度：视天气、鲜叶老嫩而定。竹匾摊青一级及以上鲜叶原料，摊放 1.5kg/m² 左右，摊叶厚度控制在 3cm 以内；三级、四级鲜叶原料一般控制在 3～4cm。储青槽摊青 20～30cm。

摊放时间：视天气和原料而定，一般 6～12h。晴天、干燥天时间可短些；阴雨天应相对长些。高档叶摊放时间应长些，低档叶摊放时间应短些，掌握"嫩叶长摊，中档叶短摊，低档叶少摊"的原则。

摊放过程：中、低档叶轻翻 1～2 次，促使鲜叶水分散发均匀和摊放程度一致。高档叶不翻，以免机械损伤。

摊放程度：以叶面开始萎缩，叶质由硬变软，叶色由鲜绿转暗绿，清香显露，含水率降至（70±2）%为适度。

（3）杀青（以余姚姚江源产80型电磁内热滚筒杀青机为例）。操作要领是打开电源，启动机器，打开加热开关，当设备上固定温度计的温度升至230～290℃时，开始投叶杀青。起始适当增加投叶量，然后按50～60g/s匀速投叶。观察杀青程度，按杀青程度调整微调投叶量，以调整匀叶器的高低达到最佳投叶量的控制目的。

技术参数：筒体温度在前中部为280℃左右，中部为268℃左右，尾端为230℃左右。特级至一级鲜叶杀青时，滚筒转速25r/min，杀青时间1.1～1.5min；二三级鲜叶杀青时滚筒转速26r/min，杀青时间1.2～1.5min。每1h处理鲜叶180～220kg。

杀青程度：杀青叶含水量控制在52%～55%，叶色暗绿，叶面失去光泽，叶缘微卷，边缘微脆、折梗弯曲不断，青气消失，清香显露。

（4）冷却、摊凉回潮（以余姚姚江源产网带冷却风选机和绿峰产6CFH6翻板回潮机为例）。操作要领是先打开电源，启动机器，打开风扇，从滚筒杀青后出来的杀青叶均匀地摊放在冷却网带上，在网带上部风扇的作用下降温并散发水汽。然后通过小型风选机去除黄片，杀青叶则落入输送带进入6CFH6翻板回潮机摊凉回潮，摊凉回潮时间以40～60min为宜，使芽、茎、叶各部位的水分重新分布均匀，杀青叶回软。

（5）揉捻（以绿峰产6CRZ40（3）自动揉捻机组为例）。操作要领是打开电源，启动机器，摊凉叶由FSZ50/08茶叶提升机运送到位。

技术参数：揉捻机揉桶直径为40cm，揉筒的转速42～44r/min，每桶投叶量一般在5～10kg，揉捻时间8～10min。

揉捻程度：叶质柔软，茶汁外溢稍有粘手感，略卷成条。

（6）滚二青（以绿峰产80型热风滚筒炒干机为例）。操作要领是打开电源，启动机器，待热源加热到热风温度约150℃时开始投叶，开始投叶量适当增加，然后按约15～18g/s速度投入揉捻叶，随时观察二青叶的炒干程度，根据二青叶含水量的要求，调节进叶的速度。

技术参数：转速5～6r/min，炒干的时间2.5～3.5min，台时产量50～60kg/h揉捻叶。

炒二青程度的最佳含水量控制在42%～45%，较卷曲、色泽深绿，手捏成团、松手散开，略有触手感、折梗不断，香气显露。

（7）摊凉回潮。从滚筒出来的二青叶应尽快降温并散发水汽。

适当并堆，必要时可覆盖清洁棉布，使芽茎叶各部位的水分重新分布均匀回软。

摊凉回潮时间以 60～80min 为宜。

（8）初炒（以 6CCGQ-50 双锅曲毫炒干机为例）。操作要领是打开电源，加温，当仪表指示温度为 170～190℃时，开始投叶并开启炒板。

技术参数按仪表指示温度 170～190℃，投叶量 3～4kg/锅，炒板摆动频率 100～115 次/min，时间根据等级与投叶量而定，一般历时 30～35min。

炒干程度则以含水量控制在 25%～28%，茶叶互不粘连，初成颗粒状，紧握不成团，松手即散，有触手感。

（9）摊凉回潮。从炒锅出来的初炒叶应尽快降温并散发水汽。

适当并堆，必要时可覆盖清洁棉布，使芽茎叶各部位的水分重新分布均匀。

摊凉回潮时间以 30～40min 为宜。

（10）复炒（以 6CCGQ-50 双锅曲毫炒干机为例）。操作要领是先打开电源，加温，当仪表指示温度为 150～170℃时，开始投叶并开启炒板。

技术参数按仪表指示温度在 150～170℃，投叶量为初炒摊凉叶 4～5kg/锅，炒板摆动频率 95～100 次/min，时间根据等级与投叶量而定，一般历时 25～30min。

炒干程度为含水量控制在 12%～15%。成颗粒状，紧实匀整，有潮手感；色泽深绿。

（11）摊晾回潮。从炒锅出来的复炒茶应尽快降温并散发水汽，并堆，必要时可覆盖清洁棉布，使芽茎叶各部位的水分重新分布均匀。摊晾回潮时间以 40～60min 为宜。

（12）烘干。选用烘干机或提香机，设备设定温度 100～120℃。投叶量根据等级而定，一般在 1.5～2.5cm。历时则根据设备的不同，烘干时间有所不同。120K-3 自动干燥机（御茶村）烘干历时 15～24min，JY-6CHZ-7B 型茶叶提香机（玉龙）历时 90～100min。程度以成盘花颗粒形，紧结重实，茶香浓郁，含水量水分≤6% 为佳。

2. 成套设备配置

颗粒形名茶全程连续化生产线加工成套设备，包括茶叶预处理设备、炒青设备、成形设备及将上述设备相互连接的茶叶输送设备，这些配套装置均连接中央控制装置。所述设备包括鲜叶摊青设备、滚筒杀青机、网带冷却风选机、摊晾回潮机、自动分配机、自动揉捻机组、滚筒炒干机、输送带及曲毫炒干机（多台），输送带及烘干机。颗粒形名茶连续化生产线加工，有效地解决了目前单机用工多、劳动强度大等实际问题，提高了生产力。茶叶加工企业可根据自身实际情况对生产线的规模和产能进行选择。一般情况下，颗粒形名茶生产线成套设备配置有以下几种方案。

（1）中小型生产线。产能：每小时鲜叶处理量：50～70kg。

工艺流程：鲜叶投料→滚筒杀青→摊凉回潮→揉捻→滚二青→摊凉回潮→初炒→摊凉回潮→复炒→摊凉回潮→提香→成品。

设备配置平面布置方案：鲜叶提升机→80型电磁杀青机→网带冷却风选机→提升机→6CFH6翻板回潮机→提升机→55型自动揉捻机组→输送振动槽→提升机→滚筒炒干机→摊凉平台→提升机→50双锅曲毫炒干机（2组）→提升机→50双锅曲毫炒干机（2组）→6CHB-10（煤气）烘干机1台→提香机。

适用对象：中、小型茶叶企业及合作社或其他类型的茶叶加工企业。

（2）大中型生产线。产能：每小时鲜叶处理量：200～300kg。

工艺流程：鲜叶投料→滚筒杀青→摊凉回潮→揉捻→滚二青→摊凉回潮→初炒→摊凉回潮→复炒→摊凉回潮→提香→成品。

设备配置平面布置方案：鲜叶提升机→80型滚筒杀青机→网带冷却风选机→提升机→翻板回潮机→提升机→60型自动揉捻机组→输送振动槽→提升机→100型茶叶瓶炒机（3台）→摊凉平台→提升机→50双锅曲毫炒干机（4组）→提升机→50双锅曲毫炒干机（3组）→120K-3自动干燥机1台。

适用对象：规模较大的茶叶加工企业。

三、实例配置

绍兴玉龙茶业有限公司车间平面图、工艺路线图、机械配置表、照片如下。

1. 平面设计（图2-58）

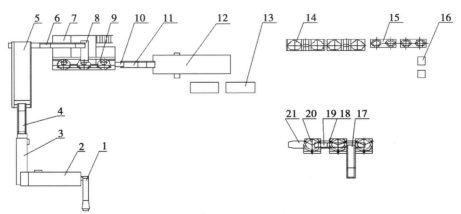

1.上料机，2.80杀青机，3.网带冷却风选槽，4.茶叶提升机，5.翻板回潮机，6.提升机，7.揉捻机架，8.平输机，9.揉捻机组，10.输送振动槽，11.提升机，12.烘干机，13.摊凉平台，14.84曲毫炒干机15.50曲毫炒干机，16.提香机，17.提升机，18.往复平输机，19.往复平输机，20.揉捻机，21.输送振动槽

图2-58　绍兴玉龙茶业有限公司平水日铸连续化生产线平面布置

2. 工艺流程（图 2-59）

图 2-59　平水日铸工艺流程

3. 机械配置（表 2-7）

表 2-7　平水日铸茶连续化自动化生产线配套设备

序号	名　称	设备型号	功率（kw/台、组）	数量（台、组）
1	上料机	—	0.55	1
2	80 杀青机	—	101.1	1
3	网带冷却风选机	—	1.1	1
4	茶叶提升机	FSZ50/08	0.75	1
5	翻板回潮机	6CFH6	1.1	1
6	平输机	FSP50/2.2	0.25	1
7	茶叶提升机	FSZ40/11A	0.75	1
8	平输机	FSP40/2.0D	0.37	1
9	往复平输机	FSP40/2.3	0.37	1
10	往复平输机	FSP40/1.5	0.37	1
11	检修平台	TOP40（3）C	—	1
12	自动揉捻机组	6CRZ40（3）	3.3	1
	55 方架揉捻机	6CR55F	2.2	3
13	输送振动槽	ZDC22BC	0.55	1
14	茶叶提升机	FSZ50/04A	0.55	1
15	滚筒机	—	1.5	1
16	摊凉平台	6CTLT1/2B	0.3	2
17	84 双锅曲毫炒干机	—	8.55	2
18	50 双锅曲毫炒干机	6CCGQ50	6.55	2
19	茶叶提升机	FSZ50/07	0.75	1
20	往复平输机	FSP40/2.65	0.37	1
21	往复平输机	FSP40/1.5	0.37	1
22	输送振动槽	ZDC202A	0.55	1
23	烘干机或提香机	—	6.37	2
生产线额定总功率（kW）			165.08	

4. 连续生产线照片（图 2-60）

图2-60　绍兴玉龙茶业有限公司平水日铸连生产线照片

第八节　兰花（朵）形名茶

一、品质特征与要求

兰花（朵）形茶是指在嫩度为一芽一叶至一芽二、三叶的鲜叶，经摊放、杀青、做形、烘干等工序加工而成，有较典型的烘青风格的特种绿茶。这类茶在做形过程中，无揉捻工序或揉捻时间很短（在 10min 以内）且不加压，芽叶受到的揉捻或做形的作用力轻微，足干后芽叶分开、梗叶连枝，形似花朵。兰花（朵）形茶由于做形时所受到的作用力小、细胞破损率低，冲泡后其品质特点为汤色绿而清澈明亮、香气清鲜、滋味甘醇，叶底芽叶匀齐成朵，若兰花初绽，独具特色。此类茶代表性产品有浙江省的安吉白茶、长兴紫笋茶，安徽省的舒城兰花等。

1. 安吉白茶

安吉白茶，产于浙江省安吉县，为中国名茶的后起之秀。20 世纪 70 年代末，安吉林业科技人员在安吉县天荒坪乡大溪山海拔 800 米高处发现了一棵野生奇特茶树，这株茶树，春季幼叶呈白色，尤以一芽二叶为最白。经研究，这是一种珍罕的变异茶种，属于"低温敏感型"茶叶，其阈值在 17～23℃。白化期间，芽叶氨基酸的含量高达 6％以上，是普通茶树品种的二倍。目前此茶树品种已在安吉繁育种植有近 6 700 万公顷，用白化的芽叶加工的成品茶干茶翠绿鲜活带金黄边，芽叶挺直似燕尾细秀匀整；香气清鲜幽雅，持久纯正；汤色嫩绿清澈明亮；滋味甘醇鲜爽；叶底色白如玉，叶脉翠绿，芽头成朵，形似初绽的兰花。其中，叶白脉绿是安吉白茶特有的性状（图 2-61）。

图 2-61　安吉白茶

2. 长兴紫笋茶

长兴紫笋茶产于浙江省湖州市长兴县境内的顾渚山、张岭一带，故又名顾渚紫笋。紫笋茶创于唐代，为当时著名贡茶，茶名源于陆羽《茶经》："阳崖阴林，紫者上，绿者次；笋者上，芽者次"。紫笋茶自创建以来，各个朝代都曾以之为贡茶，直至明末清初，才逐渐消失退出贡茶舞台，持续近千年。目前，生产的紫笋茶在传承历史文化的同时进行工艺的创新，其品质特点为：特级芽形似笋，白毫显露；一至三级形似兰花，色泽绿翠；香气清高，兰香扑鼻；汤色淡绿明亮；滋味甘爽鲜醇，入喉生津；叶底肥壮成朵似兰花初绽；茶性温和，品质优异，风格独特。

3. 舒城兰花

舒城兰花产于安徽省舒城、通城、庐江、岳西一带。早在清代以前，当地就有兰花茶生产。舒城兰花茶名字的由来有两种说法：一是芽叶相连于枝上，形似一枚兰草花；二是采制是正直山中兰花盛开，茶叶吸附兰花香，故而得名。舒城兰花茶的品质特征：外形芽叶成朵，叶子细卷呈弯钩状，色泽翠绿匀润，毫锋显露；内质香气成兰花香型，鲜爽持久，滋味甘醇，汤色嫩绿明净，叶底匀整，呈嫩绿色。

二、加工工艺、成套设备配置

1. 加工工艺

兰花（朵）形名茶连续化生产线基本加工工艺：鲜叶分类分级→摊放→杀青→冷却摊凉→理条→摊晾回潮→再理条→烘干→冷却摊凉。

（1）鲜叶分类分级。鲜叶进厂时由鲜叶验收员根据所加工的产品验收定级，安吉白茶按照地理标志产品《安吉白茶》GB/T20354—2006 规定，鲜叶原料的质量基本要求为："一芽一叶"至"一芽二叶"，芽叶完整，叶玉白脉绿、新鲜、匀净。鲜叶品质按成茶品质可相应分为三级：精品、特级，"一芽一叶"，叶玉白脉绿，完整成朵；一级，"一芽二叶"初展至"一芽二叶"，叶白脉绿，完整成朵；二级，"一芽二叶"至"一芽三叶"，叶白脉绿，完整成朵。低于二级鲜叶，不得作为安吉白茶原料验收加工。紫笋茶按农业行业标准（NY/T784—2004）规定，采摘时必须做到及时分批按标准采摘。采摘时间一般在每年的 3 月底至 4 月 20 日左右，采摘"一芽一叶"初展至"一芽二叶"初展为原料。鲜叶原料分级标准：特级，"一芽一叶"初展，并要求芽头肥壮，大小一致，芽明显长于叶；一级，"一芽一叶"初展占 85%，"一芽一叶"展开至"一芽二叶"初展占 15%；

二级，"一芽一叶"占 70%，"一芽二叶"初展占 30%；三级，"一芽一叶"和
"一芽二叶"初展各占 50%。

　　（2）鲜叶摊放。摊放方式：将鲜叶摊放在竹匾或篾垫等摊放器具上，可通过
控制通风，关闭或开放门窗来调节鲜叶的失水速度。有条件的可在空调室内或用
专用摊青设备进行摊放，根据鲜叶数量和加工能力来调节摊青进程。摊放场所要
求清洁卫生、阴凉、空气流通。

　　不同级别、不同品种、晴天叶与雨（露）水叶、上午采的叶与下午采的叶要
做到分别摊放，分开付制。

　　摊放厚度：视天气、鲜叶老嫩而定。竹匾摊青一级及以上鲜叶原料，摊放
1.5kg/m² 左右，摊叶厚度控制在 3cm 以内；三级、四级鲜叶原料一般控制在
3~4cm。储青槽摊青 20~30cm。

　　摊放时间：视天气和原料而定，一般 6~12h。晴天、干燥天时间可短些；
阴雨天应相对长些。高档叶摊放时间应长些，低档叶摊放时间应短些，掌握"嫩
叶长摊，中档叶短摊，低档叶少摊"的原则。

　　摊放程度：以叶面开始萎缩，叶质由硬变软，叶色由鲜绿转暗绿，清香显
露，含水率降至（70±2）%为适度。

　　（3）杀青（以杭州千岛湖丰凯实业有限公司 70 型燃气滚筒杀青机为例）。操
作要领是打开电源，启动机器，打开燃气开关加热，当设备上固定温度计的温度
升至 220~260℃时，开始投叶杀青。起始适当增加投叶量，然后按 24~35g/s 匀
速投叶。观察杀青程度，按杀青程度调整微调投叶量，以调整匀叶器的高低达到
最佳投叶量的控制目的。

　　技术参数：特级至一级鲜叶杀青时，筒体温度前端 260℃左右、中后端
220℃左右，滚筒转速 22~24r/min，杀青时间 1.5~2.0min；二三级鲜叶杀青时
筒体温度前端 280℃左右、中后端 240℃左右，滚筒转速 24~25r/min，杀青时间
1.5~2.0min。每 1h 处理鲜叶 80~120kg。

　　杀青程度：杀青叶含水量控制在 55%~60%，叶色暗绿，叶面失去光泽，
叶子萎焉、折梗弯曲不断，青气消失，清香显露。

　　（4）冷却摊晾（以杭州千岛湖丰凯实业有限公司 6CWL-500 网带冷却机为
例）。操作要领是打开电源，启动机器，打开风扇，从滚筒杀青后出来的杀青叶
均匀地摊放在冷却网带上，在网带上部风扇的作用下降温并散发水汽。然后杀青
叶在提升机的带动下进入 6CWS-2400 往复输送机，经过称量系统进入理条
机理条。

　　（5）理条（以杭州千岛湖丰凯实业有限公司 60-11D 全自动理条机为例）。
操作要领是打开电源，打开开关加热，当设备上固定温度计的温度升至 180~
220℃时，启动往复式理条机，自动投叶机按 700~800g/台（13 槽）均匀地将杀

青叶投入每个槽中，茶叶在理条机的往复理条、拍打、撞击及加热中逐渐地挺直、失水、成形。

技术参数：理条机槽底温度 220～240℃，往复次数 180～200 次/min，理条持续时间 3.5～4.0min。每小时处理杀青叶 14～16kg。

理条程度：含水量控制在 35%～30%，叶色较绿翠，芽叶较直、叶张稍脆、茎梗稍软、弯曲不断，手握有明显的触手感，青气消失，清香及炒香显露。

（6）摊凉回潮（以杭州千岛湖丰凯实业有限公司 6CHB-6 摊凉回潮机为例）。操作要领是打开电源，启动机器，理条后的茶叶由平移振动输送机及提升机输送到 6CHB-6 翻板回潮机上方并均匀地摊放在摊凉回潮机的翻板上，摊凉回潮时间掌握在 30～40min，使芽、茎、叶各部位的水分重新分布，理条叶回软。

（7）再理条（以杭州千岛湖丰凯实业有限公司 60-11D 全自动理条机为例）。操作要领是打开电源，打开开关加热，当设备上固定温度计的温度升至150～180℃时，启动往复式理条机，自动投叶机按 600～700g/台（13 槽）均匀地将摊凉叶投入每个槽中，茶叶在理条机的加热及做形过程中逐渐地失水、成形。

技术参数：理条机槽底温度 180～150℃，往复次数 160～180 次/min，理条持续时间 3.5～4.0min。每小时处理杀青叶 12～14kg。

理条程度：含水量控制在 15%～18%，叶色较绿翠，芽叶较挺直，梗、叶较脆，手握触手、用力易碎，香气浓郁。

（8）烘干（以杭州千岛湖丰凯实业有限公司 6CHB-10（煤气）烘干机为例）。操作要领是打开电源，打开燃气开关加热，当把燃气炉内的空气加热到至 130～120℃时开始鼓风，启动烘干机链板，按 25～30g/s 均匀地将理条叶摊放在链板上，茶叶在烘干机内逐渐地失水、固形。

技术参数：烘干机进风口温度 110～130℃，干燥持续时间 10～12min。每小时处理理条叶 80～100kg。

理条程度：含水量控制在 5%～6%，叶色较绿翠，芽叶较挺直，握之触手，捏之成粉末，干香明显。

（9）摊凉冷却（以杭州千岛湖丰凯实业有限公司 6CWL-500 网带冷却机为例）。操作要领是打开电源，启动机器，打开风扇，从烘干机出来的茶叶均匀地摊放在冷却网带上，在网带上部风扇的作用下迅速降温。

2. 成套设备配置

兰花（朵）形名茶加工连续化生产线成套设备配置应根据企业自己对产品风格要求、生产规模、产能需求、资金实力以及对生产线自动化程度化程度的要求而定。近年来，由于茶机行业在兰花形名茶加工设备的连续化、自动化功能研究与开拓方面有了很大的进步，能够很好地满足茶叶加工工艺要求，且具有产能高、能耗低、节能劳动力及茶叶品质稳定等优势。茶叶加工企业可根据自身实际情况进行选择。一般情况下，兰花（朵）茶生产线成套设备配置有以下几种方案：

（1）中小型生产线。产能：每小时鲜叶处理量：80～100kg。

工艺流程：鲜叶投料→滚筒杀青→冷却输送→提升输送→往复输送→理条→振动输送→提升输送→摊凉回潮→平移输送→提升→二次理条→振动输送→烘干→提升输送→冷却输送→成品

设备配置平面布置方案：鲜叶提升机→6CST-70（煤气）滚筒杀青机1台→6CWL-500网带冷却机1台→提升机→6CWS-2400往复输送机→小车系统→6CL-60-13D（不锈钢）全自动理条机组（6台）→6CZD-7000平移振动输送机→提升机→6CHB-6摊凉回潮机1台→6CZD-2440平移振动输送机→提升机→小车系统→全自动理条机组（3台）→6CZD-7000平移振动输送机→提升机→6CHB-10（煤气）烘干机→提升机→6CWL-500网带冷却机

适用对象：中、小型茶叶企业及合作社或其他类型的茶叶加工企业。

（2）大中型生产线。产能：每小时鲜叶处理量：500kg。

工艺流程：鲜叶提升→滚筒杀青→冷却输送→提升输送→连续理条→提升输送→烘干→振动输送→提升→风选→制造加工完成。

设备配置平面布置方案：鲜叶提升机→6CSF-100超高温热风茶叶杀青机→6CLQ-1818冷却输送机→6CTZ-1900提升机（4台）→6CSZ-2440理条机（12台）→提升机→风选机→提升机→6CTX-20A连续炒制机→提升机→6CHB-20烘干机1台→输送振动槽机

适用对象：规模较大的茶叶加工企业。

三、实例配置

以长兴大唐贡茶茶业有限公司为例，平面图、工艺路线图、机械配置表、照片如下。

（1）平面设计（图2-62）。

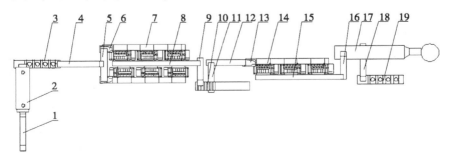

图2-62 长兴紫笋茶连续化生产线平面布置

（2）工艺流程（图 2-63）。

鲜　叶 → 摊　青 → 杀　青 → 冷却回潮 → 理　条

冷却摊凉 ← 烘　干 ← 再理条 ← 冷却回潮 ←

图 2-63　长兴紫笋茶连续化生产线工艺流程

（3）机械配置（表 2-8）。

表 2-8　长兴紫笋茶连续化自动化生产线配套设备

序号	名　称	设备型号	功率（kw/台、组）	数量（台、组）
1	鲜叶提升机	6CTZ-3900	0.37	1
2	滚筒杀青机	6CST-70（煤气）	0.75	1
3	网带冷却机	6CWL-500	0.37	1
4	提升机	6CTZ-5000	0.37	1
5	往复输送机	6CWS-2400	0.37	1
6	小车系统		0.72	2
7	茶叶全自动理条机	60-11D（不锈钢）	90	6
8	平移振动输送机	6CZD-7000	0.37	1
9	提升机	6CTZ-1900	0.37	1
10	摊凉回潮机	6CHB-6?	0.57	1
11	平移振动输送机	6CZD-2440	0.37	1
12	提升机	6CTZ-3900	0.37	1
13	小车系统		0.36	1
14	茶叶全自动理条机	60-11D（不锈钢）	45	3
15	平移振动输送机	6CZD-7000	0.37	1
16	提升机	6CTZ-1900	0.37	1
17	烘干机	6CHB-10^2（煤气）	7.7	1
18	提升机	6CTZ-3300	0.37	1
19	网带冷却机	6CWL-500	0.69	1
20	动力柜	XL-02		1
21	触摸控制平台	CMP		1
22	设备衔接件		1	
生产线额定总功率（kW）			149.86	

（4）连续化生产线照片（图 2-64、图 2-65）。

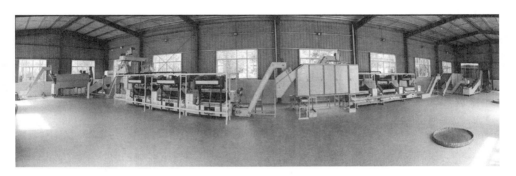

图 2-64　长兴大唐贡茶有限公司紫笋茶连续化生产线照片

图 2-65　紫笋茶连续化生产线理条机组照片

参考文献

[1] 毛志方，施海根，李强. 名优绿茶加工技术与品质 [J]. 中国茶叶加工，2007 (1)：
42-46.

［2］龚淑英.名优绿茶感官审评方法及技术要点［J］.中国茶叶加工，2000（3）：44-46.

［3］安徽农学院.制茶学（第二版）［M］.北京：中国农业出版社，2010：85.

［4］林智，权启爱.名优绿茶加工技术手册［M］.杭州，2010：6.

［5］刘晓东，汤周斌.茶叶杀青机与制茶品质特点［J］.广西农学报，2006，23（3）：21-23.

［6］束鲁燕，汤一.揉捻工艺对夏茶品质影响之研究［J］.茶叶，2010，36（3）：148-151.

［7］谢昌瑜，吴卫国.电热管往返式茶叶理条机［J］.安徽农学通报，2007，13（14）：149.

［8］金益生.茶叶烘干机理初探［J］.中国茶叶，1988.

［9］周仁贵，冯小辉，郑树立.茶叶安全清洁化生产与茶厂规划［J］.茶叶，2011，37（1）：41-44.

［10］谭俊峰，林智，李云飞，等.扁形绿茶自动化生产线构建和控制研究［J］.茶叶科学，2012，32（4）：283-288.

第三章　安装与调试

第一节　设备的安装

茶叶机械一般包括定型设备和定制设备。按到货情况又可分为整装设备与现场组装设备。由于受道路运输条件限制，用于茶叶连续萎凋、贮青（摊青）机组、揉捻机组等生产线大型茶机装备，多数要进行现场组装。茶叶加工生产线成套设备安装的具体流程如下。

一、生产线成套设备到货检查

生产线成套设备的到货检查主要包括外观完整性检查、卸货检查及卸货后现场检查。茶机设备应按合同规定日期交货，不能随意改变，茶叶企业应及时按合同规定如期支付款项，同时为设备准备好临时库存场地及完成生产线安装车间的建设，确保通水、通电、通信等。由于茶叶加工具有较强的季节性，因此，要考虑生产线试机运转时的茶叶原料供应，以免影响生产线的正常使用。

1. 设备到货检查验收

因茶叶加工的特殊性，茶机设备应按期到达指定地点，不允许随意变更，否则将造成生产线设备的试机运行原料无法保证。影响设备交货的因素很多，双方必须按合同要求履行事项。

接收设备时，与茶机企业有分歧或异议时，应遵循以下原则予以处理。

（1）双方应通过友好协商予以解决。

（2）可邀请双方认可的有关专家协助解决。

（3）实在协商不下，申请仲裁解决。

2. 设备外观完整性检查（卸货时检查）

订购的设备到达后，企业介入到货管理工作，除对设备进行检查、核对外，还要做好到货现场交接（提货）与设备接卸后的保管工作。一般设备合同都明确规定：设备运到使用单位后的保管工作均由购方负责。对生产线设备，购方单位应组织专门人员做好这一工作，确保设备到达后的完整性，以免责任不清造成损失。

卸货检查时，如有外包装则开箱，主要检查的内容如下。

（1）到货时的外包装有无损伤；若是裸露设备（构件），则要检查其刮碰等伤痕及油迹、雨水侵蚀等损伤情况。

（2）开箱前逐件检查到货件数、名称，是否与合同相符，并做好清点记录。

（3）核对设备技术资料（图纸、使用与保养说明书和备件目录等）、随机配件、专用工具、润滑油料等，是否与合同内容相符。

（4）开箱检查、核对实物与订货清单（装箱单）是否相符，有无因装卸或运输保管等方面的原因而导致设备残损。若发现有残损现象则应保持原状，进行拍照或录像，并请在检查现场的甲方等有关人员共同查看，保留证据，并办理索赔现场签证等事项。

办理索赔时购方按照合同条款中有关索赔、仲裁条件，向制造商和参与该合同执行的保险、运输单位索取所购设备受损后赔偿。索赔要注意区分以下几种不同情况，以免索赔有误，造成超期无法索赔，即设备自身残缺，由制造商或经营商负责赔偿；运输过程造成的残损，由承运者负责赔偿；属保险部门负责范畴，由保险公司负责赔偿；因交货期拖延而造成的直接与间接损失，由导致拖延交货期的主要责任者负责赔偿。同时，建议茶叶企业对生产线设备的运输办理货运保险，以降低风险。

3. 卸货后现场检查

卸货后现场检查由设备采购单位或部门会同设备供应商和安装人员、使用部门共同实施，检查的主要内容有：

（1）检查箱号、箱数及外包装情况。

（2）根据装箱单清点核对设备型号、规格、零件、部件、工具、附件、备件以及说明书等技术条件。

（3）检查设备在运输保管过程中有无锈蚀，如有锈蚀及时处理。

（4）不需要安装的附件、工具、备件等应妥善装箱保管，待设备安装完工后一并移交使用单位或部门。

（5）核对设备基础图和电气线路图与设备实际情况是否相符；核对电源接线口的位置及有关参数是否与说明书相符。

（6）检查后作出详细检查记录，填写设备检查验收单。

二、生产线设备的就位

一般情况下，茶叶加工企业车间都没有桥式吊车，设备就位比较困难，存在较大的风险，应予以高度重视。

茶叶加工生产线设备就位前应按设备平面布置图确定各台设备位置并进行现

场放样，确定设备具体位置，按先大后小先低后高顺序。同时，根据设备重量体积和重心所在，考虑周边空间大小，合理选择起重移动设备。根据目前茶企环境，一般以轮式叉车优先，叉车起重量应在充分考虑设备重心距离前提下有足够余量，以确保安全，如在同一生产线设备安装中出现重量、体积较大差异时，可考虑配置二台以上叉车。在移动设备时应落实专人指挥，如视线受阻时须有辅助人员协助观察。在叉齿与设备接触面应加垫保护，以免损坏油漆影响外观，同时应注意受力点是否会导致设备变形。对于较高设备在移动时还应注意平稳，以防倾倒，在高度较高部位就位设备时，应做好安全防护措施，以免坠落和高空掉物，所有安装人员在工作场地内必须佩戴安全帽。在使用吊装索具时必须锁扣到位，不得省略，确保人员和设备安全。在空间狭小无法使用叉车时，移动设备可使用人力液压平板或滑移等其他方式，但必须注意要有专人指挥及辅助观察。

茶叶加工生产线设备就位过程是否顺利安全，就位是否准确，取决于施工方案制定是否详细准确，现场指挥是否准确明了，决不能马虎行事。对于大型生产线，制定详细的施工方案是设备安装的必备条件。

三、设备找正和调平

找正和调平是茶机设备从安装至试运转过程中的重要工作，其目的是使设备通过调整达到设备正常运转所需的标准，通过找正与调平可使设备保持稳定和平衡，使设备变力均匀，避免变形，从而降低设备运转中的振动，减少设备的磨损和动力消耗，保证了设备的润滑和运转平稳，同时延长设备的使用寿命。找正和调平的偏差大小，将直接影响到设备生产运转效果、设备故障率及寿命期，具有非常重要的意义。

1. 找正和调平的定义

找正就是将设备不偏不倚地放在规定的位置，使设备纵、横中心线与前后配套设备对正。对于现场组装设备，设备上相关零件之间的位置和形状的要求，如要求成直线、平行、同轴等也属设备找正的工作范畴。

调平就是将设备调整成水平状态或铅垂状态的工艺过程。所谓水平状态，指使设备上的主要工作面与水平面平行。有些设备则要求成铅垂状态，即主要工作面垂直于水平面。

在安装施工中，很难将设备调整到绝对平正，一般调整到允许的偏差范围以内，可视为设备安装质量合格。

2. 找正与调平的方法

设备的找正与调平工作主要是找轴线、定标高和测水平。

大部分生产线的安装主要是初步找正调平设备的中心、水平及相对位置，通常与设备吊装就位同时进行。对于生产线中振动较大及要求较高的设备应在初平的基础上（对预留孔的地脚螺栓，初平后要浇灌混凝土使其固定），对设备的水平度、铅垂度、直线度、平行度、平面度以及设备跳动等作进一步的调整和检测，使其达到厂方要求的程度。在找正和调平过程中要注意：选择适当的测量基准面和一定数量的测点，这将影响找正与调平的工作效果和效率。

测量基准面的选择原则：优先采用厂方推荐基准面，在无厂方推荐时，应选择设备上水平式铅垂的主要轮廓面或轴线，以减少误差及测量工作，同时使调整工作量最小。

测点的选择应遵循少而精的原则，即选择的测点数量不宜太多，且能代表所在的测量面或线。测点一般选择在可能产生误差较大的地方，两点间距不宜大于6cm，以保证调整精度。通常情况下，对于刚性较大的物体，测点数量可较少；而对易变形的物体，测点则应适当增加。

测点应在测量和检查前选定，选定后用标记标明其具体位置，以后测量或检查时均在这些位置上进行。

选择适当的测量工具和测量方法，不仅能保证找正调平的精度，而且还能提高调整效率。一般使用常规仪器和工具即可，主要有：内外游标卡尺、水平仪、水准仪、全站仪以及钢尺、角尺、塞尺等。

在设备完成找正和调平后，按需求接好水电管线，并同步完成润滑加注以及配套除尘、通风等各类工作。

第二节　设备的试运转与验收

成套设备安装调试是一个按设计要求，按顺序不断细化和落实的过程，要加强管理，始终贯彻"安全第一"的准则。同时必须遵循"五先五后"原则，即先单机后联调、先手动后自动、先就地后远控、先空载后负载、先点动后联动的五项原则。

一、生产线安装现场管理与调试

生产线安装现场管理的主要目的：防止触电，防止高空坠落，避免物体打击，防止机械伤害，制止习惯性违章操作。现场管理内容主要有：现场安全生产制度，落实安全装备，配备安装机械设备，安装工具的管理，焊割作业的要求，以及起重吊装压力试验，高处作业的规定和现场临时用电等。

设备安装现场管理与调试过程中，应注意以下几点。

（1）安装调试现场必须有现场负责人，负责现场指挥调度及制定安装方案，包括安装安全、防火等。现场作业人员应严格执行安全规定，不得违章作业。在作业前检查现场，做好安全措施，确保个人安全和不影响他人安全作业。安装专业人员对危及人身和设备安全的违章指挥和行为有权制止和不予执行。

（2）在安装调试现场应配备完好的灭火器械等防火设施，并禁止在现场吸烟，如有必要还应设防火墙。对于现场的各类废弃物应及时清理干净，不得长时间堆放。进入现场的人员不得带打火机、火柴、香烟、汽油等易燃物品。

（3）所有进入现场人员必须佩戴安全帽，并穿合适的工作服。对于从事焊割类工作人员，应按要求佩戴防护镜、面具、手套等，加以保护。

（4）对现场使用的劳动保护器具和安全设施，必须定期检查和维护，保证安全有效。各类手持电动工具、移动电器必须绝缘良好，同时漏电保护装置应安全可靠，接地良好。所有电气设备必须接线无误，接零式接地良好，电动工具应使用较软的橡胶电缆，现场应有专责持证人员负责现场的电气设备、用电线路。

（5）在高空作业时，严禁从高处向低处或低处向高处投掷物料。

（6）在焊割作业时，清理周围易燃易爆物，注意防火防爆，各类气瓶不得靠近热源及电源线、管线条，禁止倒放、卧放，瓶内应留有余压。对于氧气乙炔瓶，应装有相应的防回火装置，以防止产生回火，引发意外。焊割现场如多人交叉作业时，应设置防护板，以免电弧焊光刺伤眼睛；同时应设通风设备，减少烟气对人体的伤害。在工作开始前应检查管阀调节器是否完好，在作业暂停及结束时，及时关闭，停止供气，收起软管。在砂轮机使用时应注意，砂轮不得有破损，以免产生意外，对切削物注意避开易燃物。

（7）对不适应高空作业人员，不得安排高处作业。高处作业时，工具材料零件等必须装入随身工具袋，不得在高处抛投工具材料及投向低处。同时不应交叉进行，确因工序原因必须作业时，必须采取严格可靠的安全隔离防范措施，否则不得作业。作业人员在靠近带电导线作业时，必须按有关电业安全作业的规定保持一定的安全距离。

（8）在吊装设备时应注意，必须由持证人员上岗操作，并在使用各类机械、吊具、索具时，必须遵守相关规定，严禁违章作业。

（9）对生产线设备的压力管道、容器，在试压时应按规定使用介质，不得采用危险性的液体或气体，同时压力表应经检验合格。在试压时，如有泄漏，不得带压作业，实施压紧螺栓、补焊等。如有异常声响、压力异常变动，以及油漆脱落等非正常情况出现，必须立即停止试验，查明原因，确保安全。

根据茶叶加工生产线的情况，设备安装后，要进行试运转、空运转、生产性试机和生产验证等流程。

二、设备的试运转

1. 茶叶加工生产线设备试运转应具备的基本条件

（1）主机及输送设备、辅助管道及附属设备等安装工作应全部完毕，安装记录及资料齐全。

（2）完成与试运转相关的工艺管道及设备吹扫、清洗、气密、保温及防腐等工作，除有碍试运转检查的部位除外。

（3）与试运转有关的土建、水、气、汽等共用设施及电气、仪表控制系统施工结束。

（4）参加试运转的人员具备足够的机电技术，已熟知试运转工艺，充分掌握操作规程，并详细了解设备性能结构。

（5）现场环境应符合机器试运转要求。

2. 试运转前的准备工作

（1）编制确定试运转方案，方案应详尽明确，同时制定好各类设备运转试验记录表。

（2）准备能源、材料、工机具、检测仪器仪表等。

（3）设置必要的消防器具和安全防护设施及用具等。

（4）按设备要求加注好运转用润滑油（脂）。

另外，试运转前还应对仪表进行校正和连锁试验，对各类空开、接触器及热元件模拟试验，并对各类电机空载试转，验证方向及有无异响。之后对主线配套附属设备试运转，并检查水、气、油等系统，并调整至规定位，然后对各部位电气、仪表操作系统联合调试。

三、生产线运转试验

运转试验由空运转试验和试机性生产组成。空运转试验是为了验证和检查设备安装精度的保持性、稳固性以及传动、操纵、控制、润滑等组件是否正常和灵敏可靠，在空运转前应对试运转时发现的问题及时处理。空运转试验过程中，应注意以下几点。

（1）各种速度的变速运行情况，由低速至高速逐级进行检查，每级速度运行时间不少于 5min。

（2）各部位轴承温度。在正常润滑情况下，轴承温度不得超过设计规范或说明书规定。一般滑动轴承及其他部位温升≤40℃；滚动轴承温升≤30℃。

（3）设备在运行时的噪声不大于 80dB，并不应有冲击声。

（4）检查进给系统的平稳性、可靠性，检查机械、液压、汽动、电气系统工作情况及在部件低速运行时的均匀性，不允许出现爬行现象。

（5）各种自动装置、锁紧装置、分度机构及联动装置的动作是否协调、正确。

（6）各种保险、换向、限位和自动停车等安全防护装置是否灵敏、可靠。

（7）全线连续运转时间不少于 2h，单机不少于 4～6h，重点设备应连续运转 8h 以上。

（8）各加热装置无漏烟、漏火及外壳无明显色变、形变（即保温隔离效果好）。

在试机前应检查操作及相关人员可能碰到的旋转、传动部件是否设置安全防护装置，如无则应要求厂方解决。对有可能造成人身伤害，但因具体原因而不能防护的运动件，应在附近设置固定安全标志，以及隔离，其相关指标应符合国家安全规定。

经空机试运转后，对设备可进行试机性生产，使用符合生产线订制时规定的原料，对各台设备在 50%～100% 不同产量情况下依次进行检验，即流量、加热速度、温度偏差、速度、风量、运时时间、碎茶率等各项指标是否符合合同要求。

在试运转时，设备各连接部位、能开闭处及上下料部位应无明显漏茶现象。试机性生产应有充足的时间，一般建议不少于 2 个班次，以充分检查设备性能，暴露问题，同时使操作人员进一步熟悉设备性能，及时操作步骤，为生产验证做好充分准备。

四、生产验证与调试

全线试运转结束并对所出现问题基本解决后，可实施生产验证。由于各地茶叶对品质的要求差异极大，每条生产线均需满足客户对所加工茶叶品质的风格要求，同时，生产线中不同的设备组合所体现的结果有较大不同，即使相同配置的生产线设备，在不同工艺参数情况下，均会出现不同风格品质特征的产品。因此，茶叶生产线的验证必不可少，通过生产验证，可基本判断生产线设备的配置能否满足合同及客户对品质的期望和工艺要求。

在生产验证前茶机供应商与茶叶加工企业应按合同规定的工艺要求确定验证方案，确定后不得随意更改。主要验证内容为：干茶品质，设备噪音，设备温升以及全线单位能耗（包括重点机组能耗和单机能耗）是否符合要求；不同负荷情况下，各部位是否流畅，有无断料、堵塞现象，有无漏料（茶）现象，并根据生产验证数据找出接近品质要求的工艺参数，以指导后续生产。

在验证中须做好各项记录，并加以评价，做好准确的技术结论，同时对出现的问题，按性质分类，明确各方责任，予以解决。

第三节　设备档案的建立与管理

设备档案是指设备从规划、设计、制造、安装、测试、使用、维修、改造、更新直至报废的全过程所形成的图纸、文字说明、凭证记录和影像资料等文件资料，通过收集、整理、分析等工作归档建立起来的动态系统性资料。设备档案是设备制造、使用、维护、修理等工作的一种信息方式，是设备使用与维修过程中不可缺少的基本资料。

企业设备管理部门应为主要生产设备建立设备档案，在茶叶企业中，因以前多为简易或单机化设备，同时档案本身不产生直接经济效益，故此诸多茶叶企业对档案资料均不重视。随着设备专业性、技术复杂性的提高，单纯凭经验维护和保养设备已困难重重，一套完整、翔实的机械技术档案，可以满足设备管理和维修人员的日常查阅需求，作用巨大，也是其他技术书籍无法取代的。齐全的设备档案能助力企业在设备管理使用维护中更上一个台阶，应引起足够重视。

一、设备档案的主要内容

设备档案主要是由前期资料、台账以及原始性资料和积累性资料组成的技术资料，不得随意涂改、撕换及填写无关内容。

前期资料包括生产线性能要求、洽谈资料、合同及其附件、款项往来复印件；运输类文件包括照片、保单、运输合同等，交接记录以及设备台账，设备布置图，安装记录，测试调试记录，过程中的问题及解决方法记录，生产验证记录，验收移交资料等。

技术类资料主要有产品合格证，使用说明书，安装调试指南，安装基础图，零配件目录图册，专用工具、仪器、附件清单，加工装配图（如有），相关的影视资料，各类记录，安装调试技术报告，交接清单，设备运行期使用记录，检修维护记录，油料更换记录，技术状况，定期检查记录，操作人员情况及更换记录，以上资料应设计符合本单位情况的表格，并填入相应内容，归档备查。

二、设备档案的管理

对设备档案的管理应注意以下几点。

（1）对资料按类别和档案管理办法进行分类并编号，分类时要注意按规律编制档案总目录、分类目录及保管部门目录等，便于查找保管。

（2）视情况编制档案检索卡和档案著录，其方法按国家标准 GB37925—85《档案著录规则》。

（3）对档案的接收必须认真验收并办理交接手续，存放档案必须使用专用柜、架，其排列方法要合理和便于查找，重要图纸一般不得外借。

（4）对原有档案应进行定期清理核对，做到账物相符，对破损或载体变质的要及时修补和复制。修改后的图纸应认真检查修改，补充情况，以平放为宜。照片影像类资料应使用密封盒，按序摆放在防火柜内。

（5）库房内应设有防火和空气调节设施，温湿度符合要求，并具有防盗、防污染等措施。

（6）对档案的查阅使用，一般应注意不得撕毁、涂改折页、涂改污染材料。外借档案应注意妥善保管，不得随意乱放，未经档案管理人员同意，不得擅自抽动设备档案，以防失落。

（7）必须明确档案的具体管理人员，制定设备档案借阅方法，建立借阅登记册，满足生产维修的需要，充分发挥设备档案的作用。

参考文献

[1] 赵艳萍，姚冠新，陈骏．设备管理与维修［M］．北京：化学工业出版社，2014.

[2] 中国三安建设有限公司．机械设备安装实用技术手册［M］．北京：机械工业出版社，2013.

[3] 杨士敏，罗福兰．工程机械设备现代管理［M］．西安：陕西科学技术出版社，1999.

[4] 李葆文．设备管理新思维新模式［M］．北京：机械工业出版社，2014.

[5] 吴先文．机电设备维修［M］．北京：机械工业出版社，2013.

第四章 操作与维护

茶叶加工成套设备，尤其是连续化自动化生产线设备的运行与操作，是一个十分复杂的系统，涉及机械、电器、各种能源供应（天然气、重油、生物颗粒燃料等）、仪器仪表等，对操作员工综合素质和技术水平要求远高于一般单机或机组操作。在生产线的使用过程中，要确保人员、设备和系统的安全，确保茶叶的稳定品质，因此，企业要加强生产线操作、使用安全及维护管理，提高企业员工操作技能，做好紧急事故应对预案。

第一节 设备操作安全常识

茶叶加工企业员工每天一进车间工作，就时刻同机械设备直接接触，只有深入了解机械设备并按规范要求科学合理的方法操作，才能保证人员安全和产品质量，做到人机和谐工作。

一、机械设备安全运行与操作基本常识

茶叶加工车间的机械设备是茶叶加工主要手段，其工作环境、规章制度、员工对设备熟悉程度及操作规范都会直接影响车间的人身安全和生产安全。

茶叶加工车间布局要符合生产安全和食品质量安全要求。

（1）员工进出车间要走专门的通道。车间应设立专门的参观通道或走廊，非车间工作人员，只能走参观通道；小孩严禁进入车间和操作机器。

（2）车间内要设立消防和应急通道，应急通道及门不得堵塞，严禁在电器设备、电热、加热设备旁堆放易燃易爆等物品。

（3）车间应有足够照明，照明灯应有防护功能；地面不得有滑污等。

（4）对紧急情况的处理应有预案，本章第五节将对"紧急事故应对预案与处置"作专题阐述。

车间工作人员应严格遵守车间安全操作制度和规范，确保自身安全。

（1）进入车间要按规定建立更衣、消毒、风淋室，员工进入车间要穿戴专门工作服套装，车间工作人员不准穿拖鞋、凉鞋，不准穿着容易被卷入转动部件的宽松衣服作业，衣服必须扣好，袖口必须扎紧，长发者须盘束及戴安全帽。

（2）员工不带情绪上机，不在疲劳、酒后状况下操作机器。

（3）员工不得违章违法操作，并有权拒绝执行可能有违安全的操作。

车间工作人员应严格遵守设备安全操作的基本要求。

（1）严禁设备带故障运行。

（2）设备运转中，人体与设备应保持一定距离，以免受到伤害。设备运行期间不得拆除或关闭保护隔离罩及互锁联保装置。

（3）使用时操作人员不得离机，禁止触摸旋转部件。不得将手伸入运转中的滚筒、链条、皮带中，以免发生意外。禁止在没有保护条件的情况下，从正在旋转的茶机中抓取茶叶。

（4）禁止用手触摸设备加热部件，禁止用手感知茶叶受热的温度变化。

（5）设备开关机及中间调整应严格按操作规程的程序操作，不准随意改变操作工艺流程和工艺参数。

（6）带调速设备，禁止在调速未归零状态下启动和关机，在调速时，应平稳，严禁骤升骤降。

（7）机器应有专人负责操作、检查与维护。遇到以下情况，务必及时切断电源，避免火灾等意外事故的发生：

① 检查与维护时；

② 作业时，遇到停电；

③ 工作结束后。

二、电与电动机安全知识

1. 用电安全防范知识

（1）安全用电基本常识。

茶叶加工车间离不开电，但如不了解安全用电常识，会带来人身伤害和安全事故，甚至会造成重大损失（图4-1）。

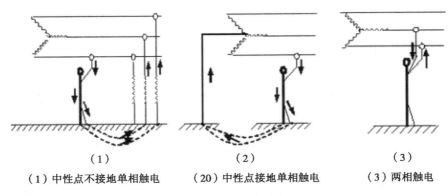

（1）　　　　　　　　　　（2）　　　　　　　　　　（3）

（1）中性点不接地单相触电　（20）中性点接地单相触电　（3）两相触电

图4-1　人体触电方式

一般电气事故按发生灾害的形式，可以分为人身事故、设备事故、电气火灾和爆炸事故等；按发生事故时的电路状况，可以分为短路事故、断线事故、接地事故、漏电事故等；按事故的严重性，可以分为特大性事故、重大事故、一般事故等；按伤害的程度，可以分为死亡、重伤、轻伤3种。

如果按照事故的原因分类，可分为如下几大类。

① 触电事故：人身触及带电体（或过分接近高压带电体）时，由于电流流过人体而造成的人身伤害事故。触电事故是由于电流能量施于人体而造成的。触电又可分为单相触电、两相触电和跨步电压触电3种，如图4-1所示。

② 雷电和静电事故：局部范围内暂时失去平衡的正、负电荷，在一定条件下将电荷的能量释放出来，对人体造成的伤害或引发的其他事故。雷击常可摧毁建筑物，伤及人、畜，还可能引起火灾；静电放电的最大威胁是引起火灾或爆炸事故，也可能造成对人体的伤害。

③ 射频伤害：电磁场的能量对人体造成的伤害，亦即电磁场伤害。在高频电磁场的作用下，人体因吸收辐射能量，各器官会受到不同程度的伤害，从而引起各种疾病。除高频电磁场外，超高压的高强度工频电磁场也会对人体造成一定的伤害。

④ 电路故障：电能在传递、分配、转换过程中，由于失去控制而造成的事故。线路和设备故障不但威胁人身安全，而且也会严重损坏电气设备。

以上4种电气事故，以触电事故最为常见。但无论哪种事故，都是由于各种类型的电流、电荷、电磁场的能量不适当释放或转移而造成的。

（2）安全用电防护措施。

① 保护接地：保护接地简称接地，是指在电源中性点不接地的供电系统中，将电气设备的金属外壳与埋入地下并且与大地接触良好的接地装置进行可靠的电气连接。若设备漏电，外壳上的电压将通过接地装置将电流导入大地（图4-2）。

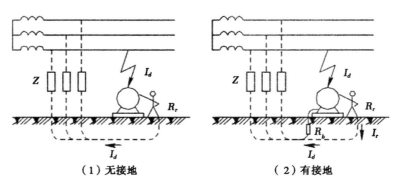

（1）无接地　　　　　　　（2）有接地

图4-2　保护接地原理

当人与漏电设备外壳接触时，由于人体与漏电设备并联，且人体电阻 Rr 远大于接地装置对地电阻 Rb，因此，通过人体的电流就非常小，从而消除了触电危险，如图 4-2 所示。接地装置通常采用厚壁钢管或角钢，接地电阻小于 4 欧姆为宜。

　　② 保护性接零线措施：保护接零简称接零，是指电源中性点接地的供电系统中，将电气设备的金属外壳与电源中性线（零线）可靠连接，如果电气设备漏电致使其金属外壳带电时，设备外壳将与中性线之间形成良好的电流通路。这时，如有人接触设备金属外壳，由于人体电阻 Rb 远大于设备外壳与零线之间的接触电阻 Rc，通过人体电流必然很小，也排除了触电危险，原理图如图 4-3 所示。采用保护接零措施之后，零线绝对不准断开，所以零线上不准安装开关盒熔断器。另外，为确保安全，还应将零线与接地装置可靠连接，即重复接地，此时万一零线开路，重复接地将起着把漏电电流导入大地的作用（图 4-3）。

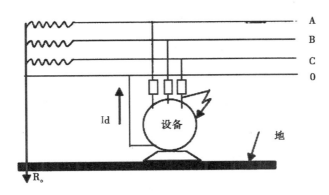

图 4-3　保护接零原理

　　③ 预防直接触电的措施：绝缘措施是用绝缘物把带电体封闭起来。良好的绝缘是防止触电事故的重要措施，根据绝缘材料的不同，可分为气体绝缘、液体绝缘和固体绝缘。例如高压线在空气中裸线架设，绝缘材料为气体；三相油冷式变压器中注满了变压器油，绝缘材料为液体；在印刷板上安装电子元器件，绝缘材料为固体。用各种绝缘材料将带电体隔离封闭起来的措施称为绝缘措施。

　　屏护措施是采用屏护装置将带电体与外界隔绝开来的措施，屏护装置包括遮栏和障碍。例如，电器的绝缘外壳、变压器的遮拦、栅栏，与地相接的金属网罩、金属外壳等都属于屏护装置。凡是金属材料制作的屏护装置，应妥善接地或接零。栅栏等屏护装置上应有明显的标志，如"止步"、"高压危险"等。遮栏出入口的门上应根据需要装锁，或安装信号、连锁装置。

　　间距措施是为防止人体或车辆触及或过分接近带电体，在带电体与人、畜之间，或者带电体与带电体之间，带电体与地之间均应保持一定的安全距离。例如，导线与建筑物的最小距离，当线路电压在 1 000V 以下，垂直距离应不少于 2.5m，水平距离不少于 1m；当线路电压在 35kV 时，垂直距离最小为 4m，水平距离最小为 3m 等。可见，安全间距的大小与电压的高低、设备的类型、安装的方式等因素有关。

安全标志应设在有触电危险之处，必须设有明显的安全标志，以引起警惕，防止触电事故发生。

④ 雷击对生产设备的危害及防护措施：雷击的危害主要有 3 方面：第一是直击雷，可以直接击中设备，当雷电击中架空线，如电力线，电话线等，雷电流便沿着导线进入设备；第二是感应雷，可以分为静电感应及电磁感应；第三是地电位提高。

雷击的防护措施主要有：

在自动化设备供电电源安装浪涌保护器（SPD）；

对自动化信号采集回路进行隔离；

对自动化设备接地系统进行隔离；

对自动化设备进行屏蔽。

（3）茶叶加工车间安全用电原则。

制定严格的规章制度是安全用电的首要工作，下面是茶叶加工车间的用电规程，在生产操作过程中必须遵照执行。

① 严禁私自乱接电线。

② 严禁指派无证电工管电。

③ 严禁金属外壳无接地（或接零）装置的用电设备投入运行。

④ 严禁在高压电线下堆放易燃易爆物品。

⑤ 严禁带电修理、移动电气设备。

⑥ 严禁随意停、送电。

⑦ 严禁用铅线、铁线、普通铜线代替保险丝，保险丝规格应与电气设备的容量相匹配，严禁随意换大或调小。

⑧ 严禁现场给触电者打强心针，抢救触电者先应迅速拉断电源，然后进行正确的人工呼吸。

2. 电动机基本知识

电动机的种类多样，根据电动机工作电源的不同，可分为直流电动机和交流电动机。直流电动机按照励磁方式的不同分为他励、并励、串励和复励四种。交流电动机分为异步电动机和同步电动机。在茶叶加工设备中，常见电机主要有三相异步电机、单相异步电机和直流电机等。

（1）三相异步电机。三相异步电机是应用最广的交流异步电动机（又称感应电动机），它使用方便、运行可靠、价格低廉、结构牢固，但功率因数较低，调速也较困难。

（2）单相异步电机。采用单相交流电源（220V）的异步电动机称为单相异步电动机。由于只需要单相交流电，故使用方便、应用广泛，并且有结构简单、成本低廉、噪声小、对无线电系统干扰小等优点，因而常用在功率不大的家用电器和小型动力机械中。

（3）直流电机。直流电机是机械能和直流电能互相转换的旋转机械装置。直流电机既可以用作电动机，也可以用作发电机。其构造复杂，价格昂贵，工作可靠性也较差，但是它的调速性能较好和起动转矩较大，因此，对调速要求较高的生产机械或者需要大起动转矩的生产机械往往采用直流电机来驱动。

三、常见能源特性及安全使用知识

茶叶加工过程就是一个脱水过程，需要使用大量能源，通常采用的能源主要有木柴、煤炭、电、天然气、液化石油气、重油、柴油及近年来逐渐广泛采用的生物颗粒燃料等，由于广大茶叶生产企业越来越重视清洁化生产，节约能源，保护生态环境，柴煤已逐步淘汰，清洁能源使用率迅速提高。下面除电能外，对几种常用能源特性和安全使用方法作简要介绍。

1. 天然气和液化石油气

天然气和液化石油气二者的区别在于，天然气是指自然界中天然存在的一切气体，包括大气圈、水圈、生物圈和岩石圈中各种自然过程形成的气体。而人们长期以来通用的"天然气"的定义，是从能量角度出发的狭义定义，是指天然蕴藏于地层中的烃类和非烃类气体的混合物，主要存在于油田气、气田气、煤层气、泥火山气和生物生成气中。天然气又可分为伴生气和非伴生气两种。伴随原油共生，与原油同时被采出的油田气叫伴生气；非伴生气包括纯气田天然气和凝析气田天然气两种，在地层中都以气态存在。凝析气田天然气从地层流出井口后，随着压力和温度的下降，分离为气液两相，气相是凝析气田天然气，液相是凝析液，叫凝析油。

液化石油气是石油在提炼汽油、煤油、柴油、重油等油品过程中剩下的一种石油尾气，通过一定程序，对石油尾气加以回收利用，采取加压的措施，使其变成液体，装在受压容器内，液化气的名称由此而来。它在气瓶内呈液态状，一旦流出会汽化成比原体积大约 250 倍的可燃气体，并极易扩散，遇到明火就会燃烧或爆炸。

目前多数茶叶加工企业是使用液化石油气，在自动生产线上对相关设备都作了专门处理，使用只需要严格按规程操作即可。一般情况下液化石油气（简称液化气）使用过程中，应注意以下几点。

（1）液化气钢瓶及管道必须经专业机构检验合格，未经检验的不能使用；企业应设有专门的液化气钢瓶贮存和周转场地，相关设施符合消防管理规定。

（2）液化气要远离明火和高温，严禁与其他火源同室使用。

（3）点火使用前应检查管路、阀有无泄漏，并在作业完成后及时关闭阀门。

（4）严禁在瓶内液体减少、压力小、火头不旺时采用火烤、淋热水等方法，对钢瓶加热。不准暴晒、雨淋，倒置卧放钢瓶。

（5）不得将残液随意处置，应送供气单位处理。

（6）当有气体泄漏发生时，应迅速打开门窗通风，并严禁在附近动用明火，不准开关电器，同时关闭阀门。如有着火，可用干粉、二氧化碳或湿物覆盖等方法灭火。

2. 柴油

柴油是复杂的烃类混合物，碳原子数为 10～22，分为轻柴油（沸点范围 180～370℃）和重柴油（沸点范围 350～410℃）两大类。柴油具有低能耗、低污染的环保特性，燃料单耗低，比较经济，故应用日趋广泛。柴油使用性能中最重要的是着火性和流动性，其技术指标分别为十六烷值和凝点，我国柴油现行规格中要求含硫量控制在 0.5%～1.5%。柴油按凝点分级，轻柴油有 10，5，0，-10，-20，-30，-50 这 7 个牌号，重柴油有 10，20，30 这 3 个牌号。茶叶加工中一般采用 0#柴油作为燃料。

在茶机应用上主要用于热风烘干机热源能源。通过燃油燃烧机雾化燃烧产生热量，经交换器产生热风。具有燃烧充分，利用率高，升温快温度稳定，风量可调，性能稳定使用寿命长的特点。同时在集中供热时作为燃油式锅炉的能源。

柴油为高沸点成份，使用时由于蒸汽所致的毒性机会较小。柴油的雾滴吸入后可致吸入性肺炎，皮肤接触柴油可致接触性皮炎，多见于两手、腕部与前臂。本品对人体侵入途径：皮肤吸收为主、呼吸道吸入。

安全使用柴油的方法：严格遵守操作规程，正确使用个人防护用品，不能用口吸堵塞油管。工作后淋浴，更衣，保持良好卫生习惯。

3. 生物质颗粒燃料

生物质燃料由秸秆、稻草、稻壳、花生壳、玉米芯、油茶壳、棉籽壳以及"三剩物"等经过加工产生的块状环保新能源。生物质颗粒的直径一般为 6～10mm，长度为其直径的 4～5 倍，破碎率小于 1.5%～2.0%，硫含量和氯含量均小于 0.07%，氮含量小于 0.5%。发热量在 3 900～4 800 千卡/kg，经炭化后的发热量高达 7 000～8 000 千卡/kg。生物质颗粒燃料纯度高，不含其他不产生热量的杂物，其含炭量75％～85％，灰分3％～6％，含水量1％～3％。

生物质燃料的优势特点为：燃烧效益高，易于燃尽，残留的碳量少；与煤相比，挥发分含量高，燃点低，易点燃；密度提高，能量密度大，燃烧持续时间大幅增加，可以直接在燃煤锅炉上应用。此外，生物质颗粒燃烧时有害气体成分含量极低，排放的有害气体少，具有环保效益。而且燃烧后的灰还可以作为钾肥直接使用，节省了开支。

使用生物质颗粒燃料时，要注意：

① 应从规模大、质量稳定可靠的供应商选购燃料。

② 燃料要有专门的堆放场地，避免受潮。

③ 如在车间内采取分散供热方式，要防止颗粒燃料污染茶叶。

④ 点火时要及时排除炉灶烟雾，避免茶叶受污染。

⑤ 每天工作结束时，要及时清扫炉灶中积炭。

四、集中供热与锅炉安全使用

规模较大的茶叶加工企业，适宜采用集中供热的方式为生产线上需要热能的设备供热。集中供热既有利于热效率的提高，降低生产成本，又有利于车间清洁化生产，生产线整洁、美观，是值得推广的方向。

目前，茶叶企业在集中供热方式上主要以蒸汽为主，亦有个别企业采用导热油供热方式。企业多采用燃煤式蒸汽锅炉，少量采用燃气、燃油蒸汽锅炉或以生物颗粒燃料的锅炉。蒸汽锅炉属于特种设备，该锅炉的设计、加工、制造、安装及使用都必须接受技术监督部门的监管，用户只有取得锅炉使用证，才能使用蒸汽锅炉。

蒸汽锅炉按照构造可以分为立式蒸汽锅炉和卧式蒸汽锅炉，中小型蒸汽锅炉多为单、双回程的立式结构，大型蒸汽锅炉多为三回程的卧式结构。

蒸汽锅炉的容量即锅炉的蒸发量，是指蒸汽锅炉每小时所产生的蒸汽量，单位是t/h（或g/s）。蒸汽锅炉的额定蒸汽参数是指额定蒸汽压力和额定蒸汽温度。额定蒸汽压力是指蒸汽锅炉在规定的给水压力和规定的负荷范围内，长期运行时应予保证的出口蒸汽压力，单位是MPa。额定蒸汽温度是指蒸汽锅炉在规定的负荷范围、额定蒸汽压力和额定给水温度下长期连续运行所必须保证的出口蒸汽温度，单位是摄氏度。

1. 锅炉使用安全常识

锅炉是具有高温、高压的热能设备，是特种设备之一，是危险而又特殊的设备。依据国务院《特种设备安全监察条例》，使用锅炉应注意以下事项。

① 锅炉出厂时：应当附有"安全技术规范要求的设计文件、产品质量合格

证明、安全及使用维修说明、监督检验证明（安全性能监督检验证书）"。

② 锅炉的安装、维修、改造：从事锅炉的安装、维修、改造的单位应当取得省级质量技术监督局颁发的特种设备安装维修资格证书，方可从事锅炉的安装、维修、改造。施工单位在施工前将拟进行安装、维修、改造情况书面告知直辖市或者辖区的特种设备安全监督管理部门，并将开工告知送当地县级质量技术监督局备案，告知后即可施工。

③ 锅炉安装、维修、改造的验收：施工完毕后施工单位要向质量技术监督局特种设备检验所申报锅炉的水压试验和安装监检。合格后由质量技术监督局、特种设备检验所、县质量技术监督局参与整体验收。

④ 锅炉的注册登记：锅炉验收后，使用单位必须按照《特种设备注册登记与使用管理规则》的规定，填写《锅炉（普查）注册登记表》，到质量技术监督局注册，并申领《特种设备安全使用登记证》。

⑤ 锅炉的运行：锅炉运行必须由经培训合格，取得《特种设备作业人员证》的持证人员操作，使用中必须严格遵守操作规程和八项制度、六项记录。

⑥ 锅炉的检验：锅炉每年进行一次定期检验，未经安全定期检验的锅炉不得使用。锅炉的安全附件安全阀每年定期检验一次，压力表每半年检定一次，未经定期检验的安全附件不得使用。

⑦ 严禁将常压锅炉安装为承压锅炉使用；严禁使用水位计、安全阀、压力表三大安全附件不全的锅炉。

2. 锅炉安全使用要求

（1）蒸汽锅炉生火之前，应检查各阀门水管、汽管、压力表、安全阀、水位表、排污阀等是否处在完好状态。

（2）蒸汽锅炉用水要经软化处理，并保持清洁，不准含有油脂。

（3）水位表的玻璃管外应装置坚固的防护罩，外部应保持清洁。每班应冲洗一次，察看水位表里的水面是否能迅速上升或下降。如在运行时看见水位表内有水面呆滞不跳动，应立即查明原因，防止形成假水位。

（4）蒸汽锅炉上的安全阀，不得任意调节。当压力表到达许可工作压力80％以上时，应使安全阀排气一次。严禁将阀杆缚住或嵌住。

（5）蒸汽锅炉升压后，应检查汽阀是否灵敏，并应经常注意水位，使其保持在水位表2/3的位置。

（6）发现蒸汽锅炉有下列情况之一时，应紧急停炉：a.气压迅速上升超过许可工作压力，虽安全阀已开足，但气压仍在继续上升；b.水位表内已看不见水位或水位表内水位下降很快，虽然加水仍继续下降；c.压力表、水位表、安全阀、排污阀及给水等附件其中有一件全部失灵者。d.炉胆或其他管道烧红变形，以及严重漏水、漏气等。

（7）紧急停炉时，首先应停止燃烧，关闭风门，打开炉门和放气阀，如因缺水事故，严禁向炉内立即加水。

第二节　岗位操作规范与技能

目前，我国名优绿茶加工大多以单机作业和少量机组联装为主，保持着师傅带徒弟的传统，即仍然固守"看茶做茶"的传统。其特点是劳动力成本大，加工工艺不规范，没有确定的操作技术规程或标准，茶叶产品质量受人为因素影响很大。现阶段随着劳动力成本的快速上升和同行竞争越来越激烈，企业的市场利润日益缩小，很多企业已处于危机边缘。近年来，部分名优绿茶重点产区的规模茶叶企业针对目前现状，逐渐加强了市场意识，注重开拓创新和品牌运作，对茶叶加工设备提出了更高的要求，引进了名优绿茶连续自动生产线。连续自动生产线与单机作业、简单的机组连装有着本质的区别：

① 生产线自动化程度高，在大批量生产中劳动生产率高，劳动条件大幅改善。

② 操作人员少，劳动力成本低。

③ 茶叶加工工艺先进，工序相对固定，生产的茶叶质量稳定可靠。

④ 缩减生产占地面积，缩短生产周期，保证生产均衡性。因此针对现状，连续自动生产线的应用是目前茶叶加工企业摆脱弊端，升级改造的必然趋势。

一、生产线运行规范与操作要求

1. 连续自动生产线运行基本要求

连续自动生产线是指按照工艺流程，把生产线上的机器联结起来，上下机组之间形成包括上料、下料、装卸和产品加工等全部工序能够自动控制、自动检测和自动连续的生产线。生产线主要有工艺设备、输送联接装置、控制系统、辅助设备组成。

（1）工艺设备。名优绿茶加工主要的工艺设备有，摊青机、杀青机、连续扁茶炒制机、揉捻机、曲毫炒干机、烘干机等等，工艺设备的型号配备和数量计算是由茶叶加工工艺和流量因素决定的。总的配备原则是，根据各类茶叶的加工工艺需求和有关茶叶机械性能，按全年茶叶最高日产量法计算主要设备配备数量。名优茶一般可用高峰期3～5天日平均产量作为最高茶叶日产量的计算依据，在计算时，应尽可能采用一些历年统计资料和充分考虑当前发展需要，加以认真分析和计算，使茶叶最高日产量更为精确。国内所生产的茶叶加工设备，因为所标注的台时产量均为该机器所加工的茶叶在制品的数量，因此，需计算出各类在制品的余重率，了解各加工工序茶叶的余重，作为计算机器配备数量的依据。

（2）输送联接装置。在茶叶加工生产线中，输送联接装置主要有斜式输送机、立式输送机以及管道输送等，是连接上下两道工序之间的桥梁，是实现两道工序之间流量匹配的重要中间通道，因茶叶生产工艺对时间的特殊性要求，茶叶生产线上既有刚性联接也有柔性联接。刚性联接自动线中，工序之间没有储料装置，产品的加工和传送过程有严格的节奏性，当某一台设备发生故障而停歇时，会引起全线停工，因此，对刚性联接自动线中各种设备的工作可靠性要求高。在柔性联接自动线中，各工序之间设有储料装置，各工序节拍不必严格一致，某一台设备短暂停歇时，可以由储料装置在一定时间内起调剂平衡的作用，因而不会影响其他设备正常工作。

（3）控制系统。控制系统是生产线的神经中枢，主要用于保证生产线的工艺设备、输送联接装置，以及辅助设备按照规定的工作循环和联锁要求正常工作，并设有故障寻检装置和信号装置。为适应自动生产线的调试和正常运行的要求，控制系统需有三种工作状态：调整、半自动和自动。在调整状态时可手动操作和调整，实现单台设备的各个动作；在半自动状态时可实现单台设备的单循环工作；在自动状态时自动线能连续工作。且控制系统需有"预停"控制机能，自动生产线在正常工作情况下需要停车时，能在完成一个工作循环，各机组的有关部件都回到原始位置后才停机。

（4）辅助设备。自动生产线的辅助设备是根据工艺需要和自动化程度设置的，如不同工艺设备之间监控探头，整个生产车间的中控系统等。

连续自动生产线运行可靠，生产出的茶叶符合工艺要求，关键在于生产线工艺设备型号、数量的选择符合要求，各设备和控制系统运行要稳定可靠。

2. 连续自动生产线运行对岗位人员的要求

茶叶加工属于食品加工范畴，在茶叶生产加工企业中，因各类人员工作岗位不同，所负责任的不同，对其基本要求也有所不同。

（1）管理人员。生产管理负责人应具有相应的工艺及生产技术与卫生知识。质量管理人员应具有发现、鉴别各生产环节、产品中不良状况发生的能力。

（2）质检人员。茶叶质检人员应取得评茶员等国家规定的相关职业资格。企业应有足够数量的质量管理及检验人员，以满足整个生产过程的现场质量管理和产品检验的要求。

（3）操作人员。生产线茶叶加工操作人员应有健康证明并经培训后上岗，应遵守清洁和着装卫生操作程序，在个人卫生方面做到洗手、不戴首饰、不留长指甲、经常换洗工作服，在个人行为方面做到不吸烟、不随意吐痰、不吃零食、不洒香水等，具备熟练的茶叶加工工艺技能，参照茶叶加工工，生产线操作人员茶叶加工工艺技能至少具备高级以上水平，茶叶连续自动生产线不同于单机操作，自动化程度高，操作人员少，且由于茶叶加工各道工序对时间的要求比较特殊，工序与工序之间有时间上的停顿，因此生产线操作人员还应具备对茶机设备机械和操作性能的熟练了解，一个合格的自动连续生产线操作人员要持证上岗，岗前需参加培训。

二、主要工序的岗位操作规范与技能要求

1. 摊放工序

鲜叶摊放是名优绿茶加工中不可缺少的重要工序。鲜叶摊放是将鲜叶作适当的轻微萎凋，目的在于适度减少鲜叶的水分，使叶质柔软，内含物质适度转化，有利于茶叶品质的形成。鲜叶经摊放失水后，细胞膜结构及内含成分会发生一定变化，茶多酚轻度氧化，水浸出物和氨基酸增加，青草气散发，特别是大部分香气物质，如反·2己烯醛、（顺）·2-戊烯·1·醇、（顺）-3-己烯醇、芳樟醇、香味醇等均随着摊放进程逐步增加，这些物理及化学变化过程对名优绿茶的外形、色泽及内质风味均有积极的促进作用。

在名优绿茶鲜叶摊放时，应根据鲜叶不同的品种、嫩度、采摘时间分别摊放在摊青设备上，雨水叶可适当鼓风，摊叶厚度 3～5cm，一般摊放时间为 6～8 小时，最长不超过 10 小时，摊放温度一般在 18～20℃，保持通风，至鲜叶含水率 68%～70%，叶质柔软，有清香时即可转入下一道工序。当摊青温度过高，时间过长，茶叶就会进一步的萎缩，茶叶的水分也会减少，最终会影响茶叶的香气和口感，摊青时间过短，茶叶口感就会显得湿气太重，苦味太重，所以，对于茶叶摊青来说，时间和温度的控制是非常重要的，两者是缺一不可。摊放时，应操作轻巧，以防叶片损伤造成红梗红叶而影响名优绿茶品质。目前，连续自动生产线上的摊青设备大多数采用摊青机，可连续作业，对温度、湿度、时间上可做到精确控制。

2. 杀青工序

杀青是名优绿茶炒制加工的关键工序，目的是利用高温迅速破坏鲜叶中酶的活性，制止多酚类化合物的酶性氧化，使加工叶保持翠绿，以形成绿茶所特有的清汤绿叶的品质特征。同时，杀青过程中还不断散发水分，使叶质柔软，增强韧性，便于下一步的揉捻成条或做形，并且不断散发青草气，促进鲜叶中内含成分的转化，发展香气，获得绿茶应有的色、香、味。目前，杀青设备主要有滚筒杀青机、热风杀青机、微波杀青机及复合杀青机等，不同杀青机械对绿茶加工质

量、工效的影响各有优劣，生产中应根据实际需要慎重选择。杀青机具的供热、控温应与作业中鲜叶运动、受热相协调，温度先高后低，避免温低红变或后期高温而黄变、焦边。杀青伊始，须快速、均匀升高叶温，要求翻叶快、匀，减轻湿热汽积聚，撒落均匀不堆积，增大杀青叶与机具的接触面，力求避免在杀青后期原料黏附机具而造成焦叶。

在生产线中使用最多的滚筒杀青机，主要常规采用液化石油气和电加热滚筒杀青机、电磁杀青机等。滚筒连续杀青机具有叶温升高快、杀青均匀、能连续作业及工效高的优点，现已普遍使用。滚筒杀青机所制的名茶香高味爽，有利于绿茶品质形成与转化，缺点是杀青叶粘附筒壁产生焦边焦叶，以及杀青时若筒内大量热气排湿不畅而造成杀青叶"闷黄"，实践中应控制投叶流量、滚筒转速、出叶角角度等，尽量避免上述问题影响茶叶品质。

热风杀青机采用高温热风杀青，杀青匀、透，杀青叶色泽翠绿。热风杀青通过高温热风和鲜叶接触，直接加热鲜叶，瞬间提高鲜叶温度而达到钝化酶的目的，避免了鲜叶接触金属滚筒而被烫焦，也避免了鲜叶直接接触蒸汽吸附过多的水分，使得茶叶香气高长，滋味浓爽，外形色泽翠绿、汤色碧绿、叶底嫩绿较润。热风杀青机缺点是杀青叶失水过快，脱水过多，有"烘叶"现象，实践中应控制热风的风速风量及投叶流量，并在杀青之后配设摊叶设备长时间摊凉回潮。

汽热杀青机与热风杀青机相似，均能瞬间杀匀杀透、快速彻底钝化多酚氧化酶活性。汽热杀青因蒸汽穿透力强，杀青时间短，茶多酚和酯型儿茶素的减量较少、氨基酸和糖类等水解产物增量较低，能快速抑制氧化酶的活性，减少叶绿素的破坏，使成品茶的汤色、叶底较绿亮。汽热杀青有效地克服了滚筒杀青容易产生焦叶起爆、黄变的缺陷，但香型、滋味略差，因此选型时需要经过比较试用，再确定是否可取。在名优绿茶加工中，汽热杀青机宜选用蒸青、脱水、冷却联合机组，使茶鲜叶杀匀杀透、茶料表面水分得到快速散发。

在名优绿茶自动生产线中，工艺装备是相对固定的，相关工艺参数在一定范围内有自适应和调整功能，不可随意更改，车间管理和操作人员应充分了解和熟悉生产线中的杀青机的类型、型号和性能特点，应充分了解所加工茶鲜叶原料的特点，谨慎设置好杀青机的工艺参数，如投叶量（一般按流量计算，每单位时间鲜叶重量）、温度、杀青机的运行参数如滚筒的转速、倾角等，要随时观察杀青叶变化情况。生产线正常运转时，不得出现生青叶、焦边焦叶、不得有异味产生等，要适时开启杀青叶的排湿、去片末装备。如出现异常情况，要根据在线茶叶的情况合理调整工艺参数，逐步递进，避免工艺参数调整过大。

3. 揉捻做形工序

做形是名优绿茶外形特定形状塑造的关键工序。名优绿茶中无论是扁形茶、条形茶、针形茶，还是卷曲形茶，都要求有独特、优美的形状，均需要通过精细复杂的做形作业。名优绿茶的做形，通常是贯穿在杀青、揉捻、干燥过程中，伴随着鲜叶水分的散失和叶片物理特性的逐步变化，通过相关的设备完成的。名优绿茶加工生产线上用于揉捻或做形的设备有揉捻机、理条机、双锅曲毫机、扁茶炒制机、滚筒炒坯机等。不同的做形设备可以塑造出不同形状的名优绿茶。

揉捻机通常没有外热作用属于冷做形，茶叶揉捻时适度破坏叶细胞，茶汁外溢而使茶叶卷曲成条、塑造形状。选择揉捻机时，如要求茶叶条索紧细些，则宜选用揉桶直径较小的揉捻机为宜，揉盘棱骨亦宜细，曲率半径宜小。揉捻机工作时以轻揉为主，压力逐步加重，茶汁不能挤出过多，否则将严重影响名优茶的风味和色泽。揉捻作业应该遵循的工艺原则是"嫩叶轻揉、老叶重揉"、"轻、重、轻"和"抖揉结合"，若操作不当，易产生外形走样、条形短碎、叶色发暗、白毫脱落等毛病。生产线上揉捻机工艺参数（时间、压力、投叶量等）要根据具体茶叶品质要求设定。

理条机分为振动式往复理条机、阶梯式连续理条机等类型，理条的作用在于促进茶叶条索紧直。理条机一般用在针形、芽形茶杀青后的理条，也用于扁形茶的初步理条，便于后续工序的压扁做形。由于理条机 U 形槽槽体空间小，对茶条是直接接触导热，往往易造成茶条失水过快、色泽偏暗、茶条茎叶失水不均衡而两端翘起等缺陷，因此操作理条机要特别注意在理条作业时茶条的适度散热失水，失水过快茶条色泽绿亮但条索不直，外干内湿；而失水不畅，则色泽暗黑。企业可根据加工茶类决定是否选用有附加热进风管道的理条机或连续理条机。

双锅曲毫机一般用于卷曲形茶的做形设备，卷曲型茶做形多选用 50 型双锅曲毫机，实现冷做形的揉捻成条与热做形的卷曲成螺紧密融合。做形时曲轴炒叶板沿锅面往复摆动，使茶物料在往复摆动的翻炒过程中不断卷曲、成形、显毫。实践中，揉捻叶经初烘失水至 35％～40％时再进行曲毫做形为宜，须掌握好双锅曲毫机的锅温、投叶量及炒幅控制的协同性，可采用"初炒＋回潮＋复炒"的工艺组合，关键控制点是避免翻炒时排湿不畅导致的"水闷气"和高温粘锅导致的"起泡"或"焦糊"。

扁茶炒制机适用于扁形名茶（龙井茶）杀青、理条、压扁、辉锅等作业，制成的茶叶达到条索紧结、扁平挺直、色泽绿润的特点。扁茶炒制机的炒手和压茶板能升降调节，茶物料在炒手的推动下，加热、受压而渐成扁形，压茶板的升降运动产生如手工制茶一样的推、捺、掀、压等作用。

名茶生产线中都是连续作业，如果采用加热做形工艺都要高度重视在制品茶的加热与散失水分的协调。

4. 干燥工序

干燥工序直接影响成品茶含水率、香气、滋味以及色泽，应把握好名优绿茶生产线后段干燥作业各种工艺参数控制。茶叶干燥过程中，影响成品茶品质的主要工艺因素有温度、投叶量、通风量、干燥速度等，其中，温度的影响最大，应随名优茶的种类、嫩度、叶量、含水量的变化而灵活掌握。

干燥作业方式通常有烘、炒、滚等形式，都有相应的设备。一般来说，采用烘干方式干燥，香味清醇鲜爽；采用炒干干燥方式，香味浓厚高锐；烘炒结合干燥方式，可兼有烘、炒两者的品质风格优点。茶叶加工自动生产线上干燥作业往往是多种干燥形式不同类型干燥设备的组合，分多次完成。

烘干机主要有网带连续式、自动链板式烘干机和斗式、箱式烘焙机等机型。初烘时，宜选用风量大、单层或网带式的干燥设备，以达到温度高、排湿畅、摊叶薄、速度快的初烘效果。足烘时，则选用温度低、摊叶厚、风量低的干燥设备，适当慢烘以促进香气形成。

动态干燥机改变以往间接静态受热的热源形式，中筒进风，外筒排风，逆向回风，气流通畅，导入热风与茶料直接热交换，兼有烘干、炒制、解块、脱水及排湿等功能，实现炒烘一体化的作业，是名优绿茶二青叶的理想作业方式。

滚筒辉干机与滚筒炒坯机类似，转速略慢（28r/min），以瓶式炒干机为主，筒体有圆筒和六角或八角之分。主要用于炒青类名茶（如龙井、大方、松萝等）的干燥作业，炒干的同时，兼有整形、提香、润色等功能，需灵活掌握干燥中的投量、温度、耗时、力度及机具调控，以达到良好的干燥效果。

干燥过程应合理调节各工艺之间的关系，一般实行分段干燥，各流程之间要有必要的摊凉、冷却及回潮的过程，才能达到最好的干燥效果。干燥作业原则是：温度先高后低，投叶量要先期少后期多，含水量高的茶叶，温度要高、投叶量要少；在干燥后期，切忌持续高温，防止出现高火茶。

三、不同类型名优绿茶机制特定要求

1. 扁形名茶机制特定要求

扁形名优绿茶最典型的代表是龙井茶，其在机制时的特定要求如下。

（1）杀青。宜采用 50 型或 60 型滚筒杀青机为宜，杀青要求与其他名优绿茶杀青基本一致。

（2）理条。经滚筒杀青后，杀青叶芽叶完整，形态自然，芽与叶分开，没有条索，此时茶叶需要理条，理直条索，为下一步压扁做形做准备，一般采用连续理条机进行理条，槽温在 110～120℃ 时即可理条，一般理条时间在 2.5～3min，使芽叶理直和紧结，含水率在 35%～40% 为宜。

（3）压扁做形。一般采用 4 锅连续扁茶炒制机，有排叶刷、回叶刷、炒手等组成，4 锅温度呈梯度降低，开始时锅温要高，一般在 110℃ 左右，炒手和锅内

壁的距离要大，即压力要轻，防止茶条不直、茶叶结块，二锅和三锅时，通过调节炒手和锅内壁的距离，增加炒制压力，使茶叶逐渐形成扁平形状，最后一锅温度在80℃左右，炒制压力要轻，主要起到炒干固形和提高香气，含水率在10%～12%后即可转入下一道辉干工序，辉干温度在60～80℃。

2. 卷曲（毛峰）形名茶机制特定要求

卷曲形名优绿茶有代表性的是毛峰，其在机制时的特定要求如下。

（1）杀青。杀青要求与其他名优绿茶杀青基本一致。

（2）初揉。宜采用小型揉捻机（如25型、30型），装叶量以自然装满揉桶为宜，加压原则掌握轻、重、轻，即先空压-轻压-重压-轻压-空压，时间一般控制在15～20min，以揉捻叶紧卷成条，茶汁初溢为初揉标准。

（3）烘二青。烘干机温度控制在110～120℃，要求投叶均匀，叶量适中，时间为3～5min，当茶叶叶色转暗，条索收紧，茶条略刺手，烘坯含水量40%～45%为宜，即可摊凉。

（4）复揉。装叶量以揉桶2/3为宜，加压原则掌握轻、重、轻，加压比初揉重，时间为45～50min为宜，复揉适度的标准为茶条紧卷，紧细，碎断较少。

（5）提香。采用提香机或烘焙提香机提香，温度控制在100～120℃，至含水率约5%，茶香四溢即可。

3. 针（芽）形名茶机制特定要求

针（芽）形名优绿茶有代表性的是开化龙顶，其在机制时的特定要求如下。

（1）杀青。要求杀青叶杀透杀匀，色泽翠绿，不能变黄或变暗，杀青叶含水率要求在50%～55%，散发良好的茶香。

（2）轻揉针形茶大多不经过揉捻。特别是单芽，部分一芽和二三叶原料的可适当揉捻，揉捻时不加压，采用小型揉捻机轻揉，时间要短（3～7min），一次完成。

（3）做形。针（芽）形茶关键在于做形，整形时采用往复理条机，温度控制在100℃左右，每槽的投叶量根据实际情况而定，一般在60～80g，必要时可加重量较轻的加压棒，在不压扁茶叶的前提下，保证芽头更挺直，时间5～8min即可。

（4）烘干。针（芽）形茶的初烘和摊凉回潮与一般名优茶加工区别不大，在足烘时，温度应控制在90～100℃，温度不宜过高，否则会影响干茶翠绿鲜活色泽的形成。

4. 条形（炒青）名茶机制特定要求

条形（炒青）名优绿茶，有代表性的是泰顺三杯香，其在机制时的特定要求如下。

（1）杀青。杀青要求与其他名优绿茶杀青基本一致。

（2）初揉。采用小型揉捻机，压力要轻，揉捻时间一般在15～20min，揉至茶叶初卷成条，手触有滑腻即可。

（3）复炒。是为了补充杀青不足，在进一步散失水分的同时，确保成品茶的色泽，炒至茶条不粘手，有明显的清香时进入摊凉工序。

（4）复揉。按轻-重-轻加压方式，时间为20～25min，揉至手触茶条有粘手感，成条率达95％左右即可。

（5）初烘。温度在110～130℃，烘到茶条转为墨绿色，手捏有刺手感，含水量12％左右时进入摊凉回潮。

（6）复烘。复烘温度在100～110℃，含水率在9％左右时摊凉回潮，为下一步辉锅做准备。

（7）辉锅。用瓶式辉炒机，滚筒温度在80℃左右，时间一般为60～90min，待茶条呈苍绿油润时即可。

5. 曲毫形名茶机制特定要求

曲毫形名优绿茶最典型的代表是碧螺春，其在机制时的特定要求如下。

（1）杀青。要求杀青叶杀透杀匀，色泽翠绿，不能变黄或变暗，杀青叶含水率要求在50％～55％，散发良好的茶香。

（2）揉捻。宜采用小型揉捻机（如25型、30型），轻揉不加压，时间为5～7min，不宜过长，防止茶汁溢出，影响色泽和显毫。

（3）初烘。揉捻叶经初烘失水至35％～40％时再进行曲毫做形为宜，初烘宜选用小型烘干机，进风口温度掌握在130～140℃。要求薄摊快烘。

（4）冷却回潮。烘至茶叶含水率在35％～40％时进入冷却工序，回潮时间在15～20min。

（5）做形。回潮后采用双锅曲毫机做形，做形温度在60～80℃，做形时须掌握好双锅曲毫机的锅温、投叶量及炒幅控制的协同性，注重透气，保持茶叶良好色泽的形成，做形时间一般控制在20～30min，炒至茶条卷曲，含水率在10％～12％时，即可出锅摊晾。

（6）提毫烘干。提毫时温度在50～60℃，时间一般为10～15min，待茸毛耸露；在制叶看似满披白毫即可，最后进行烘足干，要文火烘足干，温度应控制在60～70℃。

第三节　生产线控制技术与管理

名优绿茶品种繁多，制作工艺和加工设备存在差异，因此，不同种类的名优绿茶连续化加工生产线设备配置和工艺要求也不同，本节主要以我国名优绿茶中扁形茶连续化加工生产线为例对生产线控制技术进行详细讲解。

一、生产线作业与单机作业的区别

以扁形茶为例，扁形茶制作工艺主要包括杀青、理条、压扁、磨光、成型等。

1. 单机作业

（1）杀青工序。在单机作业上主要是靠人工将摊青后的鲜叶投入杀青机（以6CST-50电热滚筒杀青机为例）中，通过人工调整滚筒转速、温度、角度达到茶叶的杀青效果。由于是人工投料，因此每次投料的数量不同，造成茶叶加工品质很难得到有效控制。

（2）理条工序。在茶叶理条工序中，主要选用的是槽锅往复理条机，或者是连续理条机作为理条工具（以6CSZ-2000B连续理条机为例），主要由作业人员将杀青好的杀青叶，投入理条机中，通过人工调节理条机的温度、速度和角度实现理条效果。由于是人工投料，容易引起杀青叶二次污染，且茶叶品质也很难得到保证。

（3）扁形茶的压扁、磨光工序。在炒制工序中，主要以扁形茶炒制机为生产设备，扁形茶炒制机有单锅、双锅、三锅、四锅等类型。在单机作业中主要以单锅机（以6CCB-780扁形茶炒制机为例）制茶为主，对作业人员的要求非常高，需要专业的炒茶师傅进行炒制，作业时通过调节扁形茶炒制机的压板压力，炒手速度，锅子温度实现对扁形茶的炒制。由于不同炒茶师傅经验不同，制出的茶叶也有差异，即使同一个师傅在不同时间制出的茶叶也不完全相同，所以茶叶品质的稳定性很难控制，茶叶加工劳动力成本很高。

若扁形茶炒制过程全部采用单机操作，需要大量的劳动力及专业的炒茶师傅来保证茶叶的产量与质量，不但制茶成本高，而且质量不稳定，产量也较小，单机作业不适应生产规模较大企业的需要，与产业发展趋势相悖。

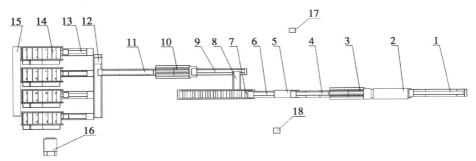

1.茶叶提升机, 2.50型滚筒杀青机, 3.2000B型理条机, 4.茶叶提升机, 5.50型风选机,
6.茶叶提升机, 7.摊凉回潮机, 8.平移振动输送机, 9.茶叶提升机, 10.2000B型理条机,
11.茶叶提升机, 12.多工位自动分配机, 13.自动称量提升机, 14.784连续炒制机,
15.平移振动输送机, 16.辉干机, 17.动力柜, 18.触摸屏

图 4-4　6CCB-15 型扁形茶连续化加工生产线平面布置

2. 生产线方式作业

扁形茶生产线主要通过输送设备,将各类扁形茶主要单机有机的组合在一起。利用 GMP 扁形茶生产线控制系统通过 PLC 控制调节整个生产线的程序,保证低压控制电气元器件分布各单元的操作(以 6CCB-15 型扁形茶连续化加工生产线为例,如图 4-4 所示)。

通过 GMP 控制系统(图 4-5 为系统面板和操作界面)实现生产线的连续化生产控制,只需要 2 名作业人员,其中,1 名作业人员将茶鲜叶投入提升机当中,另外 1 名只需要在最后收集成品茶叶,整个生产过程人工接触时间短,茶叶成品品质稳定。

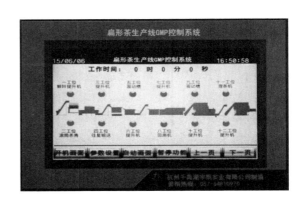

图 4-5　GMP 控制面板和 GMP 控制系统界面

二、生产线自动化控制技术与功能组成

1. 生产线的组成

6CCB-15 型扁形茶自动化生产线由 21 台设备组成，除了核心设备之外，还配套了茶叶提升机、振动输送机、多工位分配系统等辅助设备，确保了生产线的有序性和连贯性。

表 4-1　6CCB-15 型扁形茶生产线组成设备

序号	名　称	规格型号	数量（台、组）
1	鲜叶提升机	6CTZ-3900	1
2	滚筒杀青机	6CST-50	1
3	连续理条机	6CSZ-2000B	1
4	提升机	6CTZ-1900	1
5	风选机	6CF-50	1
6	提升机	6CTZ-1900	1
7	摊凉回潮机	6CHC-6	1
8	平移振动输送机	6CZD-2440	1
9	提升机	6CTZ-1900	1
10	连续理条机	6CSZ-2000B	1
11	提升机	6CTZ-3900	1
12	多工位自动分配机		1
13	自动称量投料	6CTZ-1740	3
14	扁形茶连续炒制机	6CCB-784	3
15	平移振动输送机	6CZD-8000	1
16	触摸屏	GMP	1
17	低压控制柜		1

2. 6CCB-15 型扁形茶自动控制系统架构

扁形茶自动化生产线整体控制架构（图 4-6）包含 1 个 GMP 控制系统和 1 个 PLC 控制器，通过 CC-Link 现场总线进行交互。

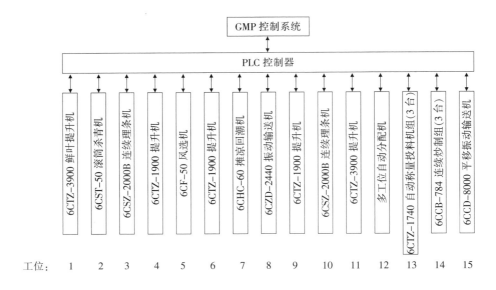

工位：　1　　2　　3　　4　　5　　6　　7　　8　　9　　10　　11　　12　　13　　14　　15

图 4-6　6CCB-15 型扁形茶生产线自动化控制系统结构

（1）鲜叶提升和滚筒杀青模块。本模块主要是控制滚筒温度达到设定值时，控制鲜叶提升机的输送以及滚筒的转速，达到连续杀青的效果。在本模块中滚筒杀青采用的是 6CST-50 型电热杀青，主要采用的是电热管式加热方式，在滚筒锅体与电热管之间采用精度较高的 K 型（0～600℃）温度传感器直接测量锅温，通过柔性金属传输线传递温度信号（图 4-7）。

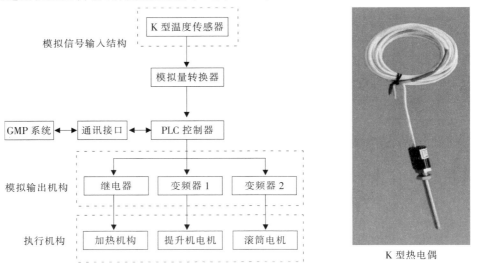

K 型热电偶

图 4-7　6CST-50 滚筒杀青机硬控制系统硬件结构及热电偶

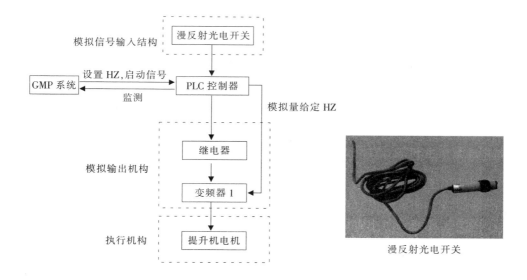

图 4-8　6CTZ-3900 提升机硬件控制结构及光电开关

　　在 GMP 系统设定滚筒筒体温度参数，待滚筒温度达到设定值时，PLC 给鲜叶提升机一个模拟信号，鲜叶提升机开始启动。在鲜叶提升机投料斗前段设有匀叶装置机红外线光电开关，一是确保鲜叶输送的均匀性，二是当提升机输送带中没有茶鲜叶时，能够停止运转（如图 4-8）。当滚筒速度温度发生变动时，PLC会发出另外指令给变频器，通过调节变频器输出频率控制提升输送机的皮带输送速度，达到及时补充鲜叶的功能。

　　（2）连续理条及风选模块。在本模块当中，采用的是 6CSZ-2000B 型电热板式连续理条机，在滚筒杀青机启动时，连续理条机也开始升温并慢速往复运动，其中理条机的加热方式与滚筒杀青机方式相同。在滚筒的出口处设有理条机的料斗接头处也装有漫反射光电开关，当光电开关检测到茶叶进入理条机后，理条机的往复运动速度加快，通过调节理条机锅槽的倾斜角度达到连续理条的效果。在理条机的后端，6CTZ-1900 提升机的前段同样设有漫反射光电开关，当理条叶进入 1900 提升机后，1900 提升机、50 风选机开始动作，通过调节风选机的两道风力，达到筛选黄叶、杂质的目的（图 4-9）。

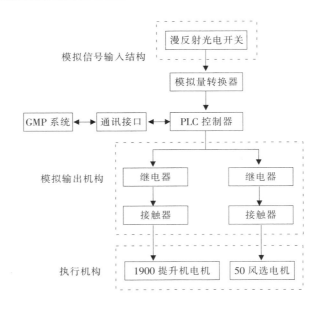

图 4-9　连续理条机及风选机硬件控制系统硬件结构

　　（3）摊凉回潮及二次理条模块。在本模块中，采用的是 6CHC-6 冷却回潮机，二次理条用 6CSZ-2000B 理条机。在摊凉回潮网带前段设置漫反射光电开关，当一次理条叶进入网带后，光电开关给予信号至 PLC，由 PLC 控制与 GMP 通讯，发出启动 HZ 指令给 PLC，由 PLC 控制器指令给摊凉回潮电机、振动输送机、二次理条机电机开始运转。在冷却回潮机中装有 CSY-Z 型在线水分检测仪（图 4-10），光谱检测采用东芝线性 CCD 陈列探测器，当测量理条叶含水量小于设定值时，6CHC-6 冷却回潮机的网带运行速度放慢；当大于设定值时，冷却回潮机中的鼓风机开始运转，达到有效的摊凉回潮作用。6CHC-6 冷却回潮机系统控制硬件设置如图 4-11 所示。

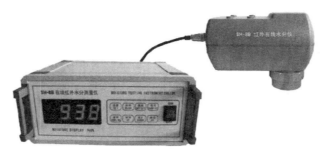

图 4-10　CSY-Z 型在线水分检测仪

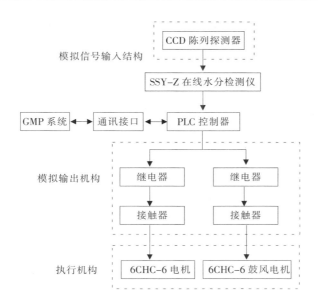

图 4-11　6CHC-6 控制硬件设置

（4）多工位自动分配机及自动称量投料模块。在本模块中，主要由多工位分配机（图 4-12）和自动称量投料机（6CTZ-1740）3 台组成，在多工位自动分配机前端的 6CTZ-3900、多工位分配机中、自动称量投料机分别设有漫反射光电开关。6CTZ-3900 提升机的前端光电开关主要控制 6CTZ-3900 提升机、多工位分配机、自动称量投料机的启动；多工位分配机中的光电开关主要是控制多工位分配机的入料，通过 PLC 设定多工位配分配机的时间，达到控制投入理条叶的数量；自动称量投料机前端的光电开关，主要给予信号，由多工位分配机给自动称量投料机投料，同理用 PLC 进行时间设定，达到投料的效果。在多工位分配机的运行轨道上采用限位开关保证投料的正确性（图 4-13）。

图 4-12　多工位分配机

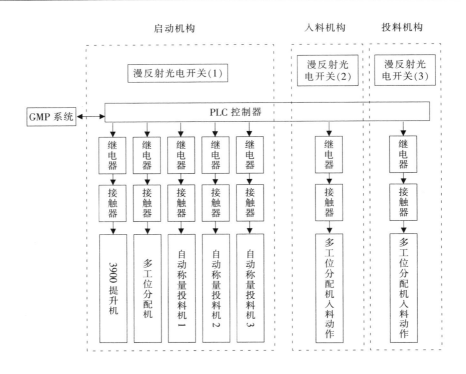

图 4-13　多工位自动分配投料模块控制原理

（5）炒制及投料模块。在本模块中，炒制部分采用 6CCB-784 扁形茶连续炒制机作为主要功能单机，在 784 前端设有自动称量投料系统，通过控制器对自动称量系统的茶叶称重量、6CCB-784 扁形茶连续炒制机的 1 到 4 锅的炒制温度、压板压力、炒制时间进行分别设定，进而达到炒制茶叶颜色和品质的一致性，再通过平移输送设备统一收集成品。在该扁形茶炒制机中加热自动调节方式与滚筒杀青机和连续理条机相同（图 4-14）。

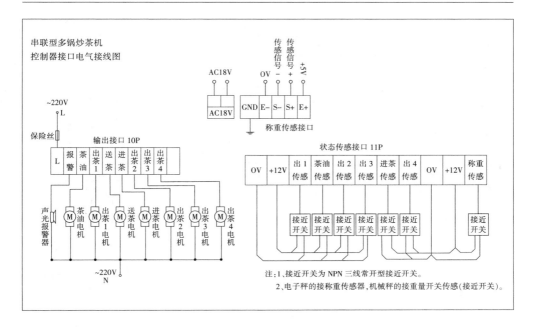

图 4-14　6CCB-784 及自动称重投料机构硬件控制

（6）生产线控制系统（GMP）界面及系统概述。

① GMP 监测状态界面：为让扁形茶生产线控制系统（GMP）人机界面友好（图 4-15），方便生产人员操作，生产操作软件基于常见的 WINDOWS XP 操作系统，使用 Advanteach Web Access 软件，采用面向对象的多层体系结构，把生产线的所有设备用形象的图标在主控制界面上表示出来（图 4-15）。并根据加工工艺顺序从左到右对界面进行排布，以方便快速查看。单台设备参数控制参数设定通过点击设备图标进行相应的设计。在主界面上通过简单操作就可以获得相应设备的运行状态数据、工艺数据等。

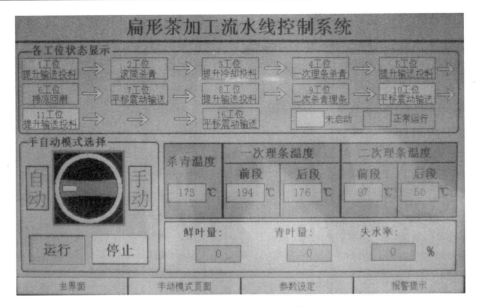

图 4-15　扁形茶生产线控制系统操作界面

② GMP 控制系统操作过程：开机界面（进入画面），如图 4-16 所示。

图 4-16　开机界面

进入运行状态画面，如图 4-17 所示。

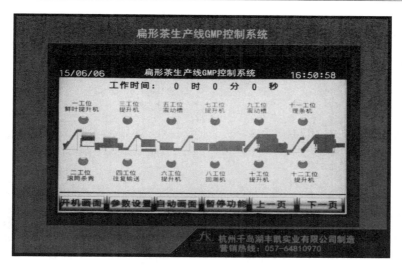

图 4-17　运行状态界面

　　此处内容为各工位的运行状况。未启动时其状态指示灯为红色，启动时其状态指示灯为绿色，工作时间为一工位运行后开始计时所累计的时间。

　　点参数设置画面进入参数设置，如图 4-18 参数设计界面。

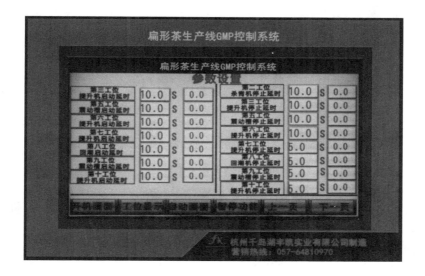

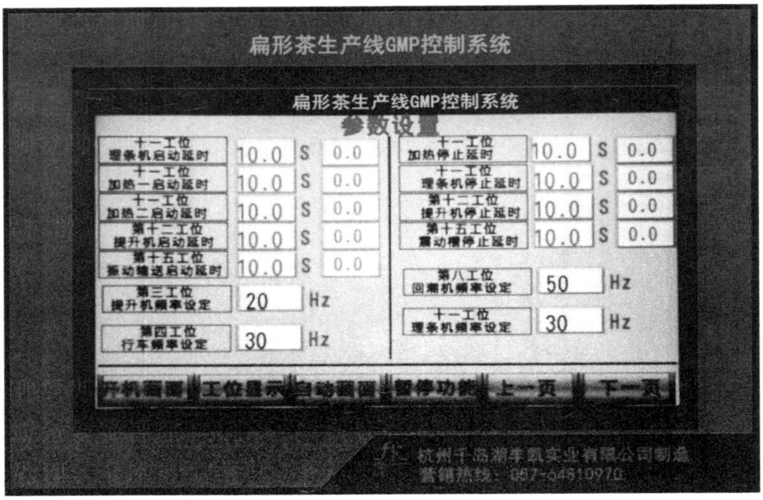

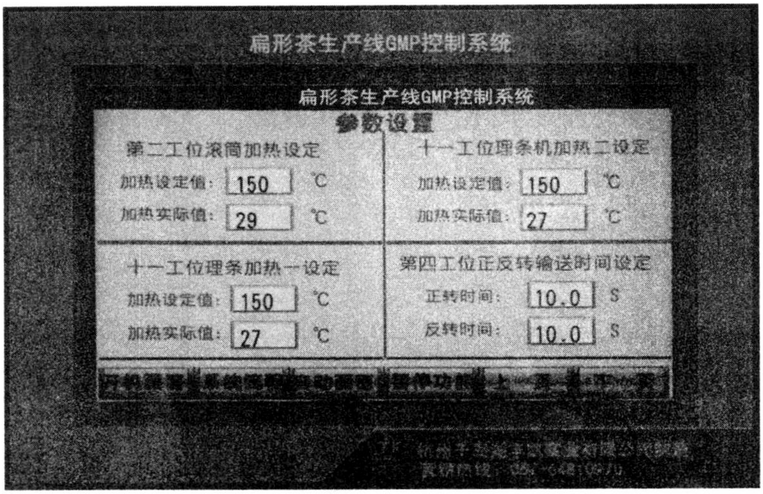

图 4-18　参数设置界面

当需要自动启动时，首先设置时间参数，时间参数有启动延时参数和停止延时参数，请按实际需要写入。然后设定三个工位所需的加热温度和十一工位的正反转时间。

注：在自动启动时是以滚筒杀青机的温度为标准的，若杀青机的实际温度未达到设定值，则除了杀青机，其他工位都处于停止中，当到达设定值时，各工位才以启动延时参数逐个启动。

参数设定完毕后，选择自动按钮开始生产，如图 4-19 所示。

此处有一个手、自动选择旋钮，点击一次则变换一次状态。当前处于哪一模

式，其模式看箭头。在自动模式下，点击自动启动运行则整条生产线开始全自动
生产。

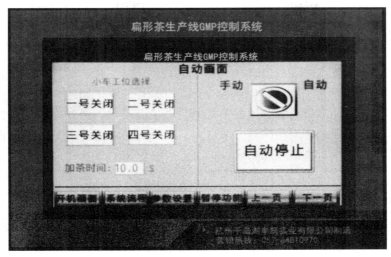

图 4-19　GMP 控制系统自动画面

设备故障时，需要单机测试性能，进入手动画面，如图 4-20 所示。

图 4-20　GMP 故障处理界面

当系统画面进入手动模式下，就可以对单机进行操作。

第四节　设备日常管理和维护

随着技术的进步，农业、食品加工业等行业加工设备自动化、连续化、成套化程度日益提高；农村城镇化进程加快，农村劳动力日益短缺，茶叶加工业对茶机装备的自动化依赖度将越来越高，现代化的茶叶加工装备必将是直接影响茶叶企业发展的重要因素。建立和完善茶叶企业设备管理维护制度，势在必行。茶叶机械发展到现在，生产线装备聚集了机电、电子、通讯、能源、环保等各类专门技术，在设备管理上已不能继续沿用以前的老观念、老方法、老技术。现代设备管理已发展为涵盖系统论、控制论、信息论、决策论等科学理论，并综合了现代故障物理学、可靠性工程、维修性工程、设备自诊断、远程诊断和管理等技术新成就，是一门综合性学科，茶叶生产企业必须了解和掌握生产设备的实际运行状况及其变化规律，做好设备的日常管理和维护。

一、设备磨损规律及设备润滑

1. 设备磨损规律

关于设备在使用中性能下降，主要在于磨损。磨损一般有两种形式，一种为有形磨损，即设备的物质磨损；另一种为无形磨损，即设备的折旧和技术落后。

有形磨损：无论设备在使用中或闲置期，都会产生有形磨损，常见表现形式是，在力的作用下做相互运动的零部件表面因摩擦而产生的各种变化；疲劳、腐蚀、老化等引起的表面磨损、缺损；形状改变、原始尺寸改变、相互配合改变，引起的传动松动；因个别零件损坏引起的相关件损坏。

有形磨损，按其规律基本上有 3 个阶段，即初期磨合，正常磨损和剧烈磨损。在设备运行期间，基本掌握其规律，就可以缩短初期磨合期，延长正常磨损期，延后剧烈磨损期；达到延长设备使用寿命，减少故障停机，提高设备利用率的效果。

设备在停机不用的闲置期，会在自然力的作用下，以及由于保管不善而引起各种锈蚀、变形、老化等，在茶机设备中这点尤其突出。茶机多为季节性生产，较多企业对设备在闲置期基本无人管理维护，造成设备状态下降严重，甚至损坏，应引起高度重视。

设备的无形磨损基本上与设备技术的进步速度成正比，当新的具有更高生产率和经济性设备出现时，则原有设备的使用价值会逐步下降。

2. 设备润滑

对任何一台设备来说，有运动意味着有摩擦，消耗能量，同时产生磨损。设备的润滑，就是在相对运动的两个摩擦接触面之间加入合适的润滑剂，以形成润滑膜，将两个接触面隔离。变干摩擦为润滑剂分子间的摩擦，以达到减小磨损，降低接触面温度，带走杂质，隔离空气，防止锈蚀，减小噪音及振动等目的。

合理正确的使用润滑剂并按要求添加、更换润滑剂，对保证设备的正常运行，保持技术状态良好，充分发挥设备性能具有重要意义；同时可降低设备故障，降低能耗，提高生产率。

二、设备管理与维护

针对茶叶企业现状及当前茶机技术，茶机设备日常管理与维护大致可分为 3 个阶段，即茶季前生产设备的预防性检查和维护、正常生产时设备管理制度、茶季结束时的管理和维护。

1. 茶季前生产设备的预防性检查和维护

由于茶叶生产季节性强，目前，大部分企业存在着操作工队伍不稳定现象。因此，在茶季生产开始前，设备检查维护前需要对新员工进行岗位培训，使其充分了解设备的结构、原理、技术规范、安全要点、维护规程及操作技能，并对老员工进行恢复性培训和新设备培训，以保证下步工作顺利进行。

另外，由于茶叶企业多为季节性生产，名优茶企业更为突出，因此，茶叶加工设备往往有效利用率极低，大部分时间处于闲置状态。但对于设备来说，长时间的闲置会造成设备技术状态急剧下降，并且造成故障的几率也大，尤其是目前较多应用电子器材设备更为严重。

下面简要介绍生产前检查和维护要点：

由于设备经长期闲置后，其表面及内部不可避免会积有灰尘，应首先采用干燥空气，吹除设备外部、内部及电器控制箱内、各线路板和仪表内所有积尘，尤其应注意连续翻板式烘干机各角落，确保设备内外无积尘。

对设备所有运动部件先清洗，再重新润滑。润滑时应注意润滑剂必须使用原厂规定牌号，并就高不就低。由于润滑油长期暴露在空气中会氧化，造成品质下降，一般情况下即使设备未使用，超过 3 个月也应更换，因此，齿轮箱必须先放干净箱内的齿轮油再重新加注。

检查、调整各传动部件间间隙，并对经调整仍无法达到规定值的部件予以更换。对输送装置的各类皮带件应予以重点关注（长期静止状态下的输送带、皮带会造成不可逆的变形）。

对设备的紧固件按规定扭距予以复查，以免松动。对翻板式烘干机的棚片（百叶板）应逐片清洁和检查，以防有因锈蚀造成卡板，并调整输送链松紧度至合适程度。

检查车间内设备之间电缆有无老化、破损，如有则视情处理。检查电线桩头、接头、接插件有无松动、氧化，并视情处理。检查电器箱内外有无凝结水，如在电器、电子元件表面及内部和线圈等处发现冷凝水时，应先用电吹风之类热风设备，使之干燥，并注意掌握温度，禁止未经干燥处理直接上电开机，以免造成设备电器、线路及仪表 PLC 等烧毁。

检查设备联锁、互保、急停等装置是否完备，各防护罩有否缺失，如有缺失应配置完备。

滚筒式杀青机筒壁可采用穗壳、麦类及新鲜茶叶在加热状态反复作业，以达到清洗的目的（这种方法称之为冲顶加工）。烘干提香类设备应充分清洗，清理干净后，采用干茶在机内加热运行，以驱除霉味、带走杂质。

在设备开机运转时应先外部后主机，先单机后全线。对电动机等有运转方向要求的设备应先检查运转方向，再连接传动部件，并在试机时注意观察有无异响及异常情况，如有应及时处理，并在处理后再进行下步进程。在开启加热时应注意分阶段加热至正常工作温度，一般应分 2～3 个阶段加热，每阶段保持 0.5 小时以上。

在对设备检查维护的同时应按设备现有技术状态视情况准备一些备件，尤其是关键设备的专有零部件及易损部件应有备货，以免生产期间因无备件造成全线停工。

2. 正常生产时设备管理制度

在茶季正常生产时，操作者应根据设备的技术资料规定的操作程序和设备的性能特点，正确合理地使用设备。一般要求操作者做到"三好、四会、四项要求"。同时严格执行企业制定的设备操作规程，维护规程，以保证设备正常运行，减少故障，确保安全。

首先按设备操作顺序及班前、班中、班后的主要事项分列，简单明了。注意将设备按结构特点、加工范围、注意事项等分别列出，以利操作者掌握执行。类似设备可编制通用规程，重点关键设备须单独编制。编制好的规程应用标志牌应固定在设备旁，以提醒操作者，在实际使用过程中如发现有不合理，应及时修订。

（1）三好、四会、四项要求，设备维护和五定原则及五项纪律。

①"三好"要求是管好，用好，修好："管好"指操作者必须管好自己使用的设备，未经主管批准和本人同意不准他人使用，即定人定机；"用好"指安排生产时应根据设备的能力，不得有超性能和拼设备之类的短期化行为，操作者必须严格遵守操作维护规程，不超负荷使用粗暴的操作方法；"修好"指安排生产时应考虑和预留计划维修时间，防止带病运行，操作者要配合维修工人维修好设

备，及时排除故障。

②"四会"要求是，会使用、会维护、会检查、会排除故障："会使用"指操作者应熟悉设备结构性能、传动装置及设备操作规程，懂得本岗位及相邻工位加工工艺；"会维护"指能正确执行设备维护和润滑规定，按时清扫，保持设备清洁完好；"会检查"指了解设备易损零件部位，掌握检查项目、标准和方法，并能按规定进行日常检查；"会排除故障"指熟悉设备特点，能区分设备正常与异常现象，懂得其零部件拆装注意事项，会做一般故障调整或协同维修人员进行排除。

③"四项要求"是，整齐、清洁、润滑、安全："整齐"指工具、工件、附件摆放整齐，安全防护装置齐全，线路管道完整；"清洁"指设备内外清洁，各部位不漏油、漏水、漏气，并清扫干净；"润滑"指按时加油、换油，油质符合要求，油枪、油壶、油杯、油嘴齐全；油毡、油线清洁，油窗明亮，油路畅通；"安全"指实行定人定机制度，遵守操作维护规程，合理使用，注意观察运行情况，不出安全事故。生产线特定机组的辅助工具要配置齐全，按固定位置摆放整齐，不得在不同岗位间相互借用。

（2）设备维护。日常维护主要是每班维护。每班维护要求操作者班前要对设备进行点检，查看有无异状及润滑装置的油质、油量，并按规定加注润滑油；安全装置及电源等是否良好。确认无误后，先空车运转待润滑情况及各部分正常后方可工作。设备运行中要严格遵守操作规程，注意观察运转情况，发现异常立即停机处理。下班前要清扫擦拭设备，切断电源并清除灰尘等，按规定加注润滑油，清理工作场地，保持设备清洁。

企业应根据各类设备的特点，并参照有关规定和要求制定其设备定期维护的内容与要求，主要内容如下。

①拆卸指定部件、箱盖及防尘罩等，彻底清洗，擦拭各部内外。

②清洗各滑动面，清除毛刺及划伤痕迹。

③检查、调整各部配合间隙，紧固松动部位，更换个别易损件。

④清洗滤油器、油线、油标，增添或更换润滑油料，更换冷却液及清洗冷却液箱。

⑤补齐手柄、手球、螺钉、螺帽及油嘴等机件，保持设备完整。

⑥清扫、检查、调整电气线路及装置（一般由维修电工负责）。

⑦设备进行定期维护后，必须达到：内外清洁、呈现本色；油路畅通，油标明亮；操作灵活，运转正常。

安全事项定人定机制度，遵守操作维护规程，合理使用，注意观察运行情况，不出安全事故。

（3）"五定"制度。"五定"制度是指对润滑工作实行定点、定质、定时、定量、定人的科学管理。具体要求如下。

① 定点：明确每台设备的润滑部位和润滑点，它是设备润滑管理的基本要求。

② 定质：确保润滑材料的品种和质量，它是保证设备润滑的前提。

③ 定时：按润滑卡片和图表所规定的加换油时间加油和换油。

④ 定量：按规定的数量注油、补油或清洗换油。

⑤ 定人：明确有关人员对设备润滑工作应负有的责任。

（4）五项纪律。"五项纪律"的具体内容如下：

① 未经培训合格不操作设备，遵守安全操作维护规程。

② 经常保持设备清洁，按规定加油，保证合理润滑。

③ 遵守交接班制度。

④ 管好工具、附件，不得遗失。

⑤ 发现异常立即通知有关人员检查处理。

3. 茶季结束时的管理和维护

在茶季结束生产停止时，应对生产车间及茶机设备进行全面管理和维护，内容包括：

（1）对车间和设备进行全面清理、清洁、润滑。

（2）全面检查设备各配合面，调整至规定值，并视情维修。

（3）对在生产期间产生的设备故障予以修复。

（4）针对生产中的薄弱环节视情实施技术改造，以提高效率和产品质量。

（5）对设备脱落油漆补漆，以恢复美观和防锈蚀。

（6）检查车间门窗密封性，以免小动物进入车间及设备，造成污染和损坏设备。

（7）对有环境温湿度要求的设备，应尽量使车间温湿度保持在允许范围内。

（8）在闲置期间应每月不少于一次 0.5h 以上的空机运行或按厂方要求维护。运行时，应开启加热等装置，以驱除设备中潮气，保持干燥，使电子元器件保持性能（电子器件长期不通电易造成性能退化）。

第五节　紧急事故应对预案与处置

紧急事故，是突然发生、具有不确定性、需要响应主体立即做出反应并得到有效控制的危害性事件。紧急事故应对预案是为了确保安全生产，能及时控制发生的紧急情况，并在确保人员安全的情况下及时有序地处置财产，使损失减少到最低限度。当事故爆发后，可以通过分析现场情况，对照预案中的处理办法及时做出补救措施，大大缩短危机决策的时间，为合理解决危机奠定基础。编制紧急事故预案，能够增强应急决策的科学性以及应急指挥的规范性和权威性，避免急救处理的随意性、主观性和盲目性，对于保证人身和财产安全以及日常工作的正常运营具有重要意义。

一、茶叶生产常见紧急事故类型与特点

认真了解和研究茶叶生产过程中常见紧急事故的基本特点，并对其进行正确分类分析，对于科学设定紧急事故应对预案和建立面对紧急事件的预警系统和预防机制具有重要的理论和实践意义。

1. 常见紧急事故类型

一般情况下，常见紧急事故类型多样，根据紧急事故发生的原因，可分为：自然原因、人为原因、技术原因；根据紧急事故发生的领域，可分为：政治性紧急事件、经济性紧急事件、社会性紧急事件、生产性紧急事件、自然性紧急事件；根据紧急事故产生后果的程度，可分为：大规模恶性事件、恶性事件、严重事件和一般性事件。在茶叶实际生产当中，常见紧急事故也包含在以上类型当中，发生程度或轻或重，但均会对茶叶加工企业工作人员的人身安全及公司和个人财产造成一定影响。因此，可从以下两方面对茶厂的紧急事故进行归类。

（1）造成人员伤害的事故类型。茶叶加工企业在生产当中，可能造成人员伤害的紧急事故有：① 茶叶贮存、加工、包装及辅助设备等机械损坏造成的人员伤害；② 人员操作不当或自身疏忽造成的设备烫伤或割伤，如杀青机在运作时温度较高，切勿随便触摸，以免烫伤，且滚筒旋转过程中进料口和出料口容易发生割伤或绞伤等事故；③ 微波辐射、空气粉尘等对人体造成的隐性危害；④ 触电、高空坠落物等造成的人员伤害；⑤ 石油液化气等气体漏泄或爆炸造成的人员伤害。

（2）造成财产损失的事故类型。茶叶加工企业在实际生产过程中，可能造成财产损失的紧急事故有：a. 火灾、水灾、山体滑坡、地震等自然灾害对公司造成的财产损失；b. 霜冻、空气污染等原因对茶园造成的损失；c. 停水、停电、停煤或停气等造成的茶叶半成品、成品的损失以及对设备、电器的损害等。

2. 常见紧急事故特点

紧急事故通常发生比较突然，主体反应时间有限，且需要主体立即采取行动。茶叶生产常见的紧急事故一般具有以下几个特点。

（1）瞬间性。紧急事故的产生具有瞬间性，从事故的发生、发展到结束，整个发展速度极快，周期很短，人们难以预料，从而增加了事故的处理难度。

（2）偶然性。紧急事故的发生具有一定的偶然性和随机性，发生地点、时间和规模无法预测，表现出一种不确定性和超常规性。

（3）紧急性。紧急事故的发生是突然的，其发展也是非常迅速的。若处理不当，所造成的危害和损失可能会越来越大。因此，面临紧急事故必须立即采取紧急措施加以处理和控制。

（4）危害性。紧急事故是一种具有负面性质的事件，发生以后扩散非常快，容易引起连锁反应，具有一定的危害性和破坏性。

二、茶叶生产紧急事故应急处置管理程序

紧急事故应急管理是一个动态的过程，在事故发生前期、中期和后期都需要进行周密安排，做出科学合理的应对方案。在茶叶生产的紧急事故应急处置管理过程中，需遵循 5 项原则：预防为主、及时反应、部门协作、专业处理、全体参与，具体管理程序如下。

1. 成立事故应急管理小组

为保障公司员工和财产安全，确保茶叶加工车间能够正常有效运行，首先需要成立事故应急管理小组。应急管理小组，主要由公司各部门的骨干人员组成，总指挥必须是企业的高层领导者，这样可以保证相关指令的顺利实施，并能协调好组内各部门之间的关系和相关工作的开展。应急管理小组的主要职责是：事故发生前，负责应急管理机制的建立、应急预案的制定和应急资源的配置，并建立能够迅速收集所发生事件的信息系统，以及培训各种应急反应能力；事故发生后，负责现场的正确、统一指挥和危机应对以及业务的连续性保障。

2. 预防工作

做好预防工作，很大程度上减少了事故发生的可能性，若事故一旦发生，也能有效地将其危害控制在一定范围内，减少人员伤亡和财产损失。预防工作主要包括：首先，应做好消防器材、急救担架、药箱、通讯联络设备和应急照明设备等事故应急处理物资的储备；其次，切实做好值班检查工作，定期定时对危险性部位和设备进行重点检查、测试与防护；此外，应定期对企业全体员工进行安全防范意识教育和技能训练。

3. 现场应急处置

发生紧急事故时，在场人员应立即通知应急管理小组，并组织人员查找原因。应急管理小组接到通知后应立即在规定时间赶到事故地点，迅速确定事故的危害范围，了解事故现场周围其他危险源或与事故现场相关的危险设备情况，及早采取隔离和保护措施，防止连锁反应。在组织人员抢修过程中，应随时请示领导并做好汇报工作。根据紧急事故的危害程度，紧急救援总指挥要迅速提出相应的救援方案并组织实施。

4. 后期管理

事故处理结束后，要对事故发生经过进行详细调查，分析事故发展的整个过程，找出原因和补救的处理方法，追究责任人，写出事故报告，向相关部门领导报告并存档。

三、茶叶生产常见紧急事故应对预案与处置

紧急事故应对预案，是对车间运行过程中将会产生的各种不确定性事故进行预测，并提出和制定应对预案，做出应急准备，可预防和控制潜在的紧急情况，最大限度地降低事故的发展态势，减少事故造成的人员伤亡和财产损失。因此，茶叶加工企业对常见紧急事故进行预案很有必要，它在车间管理和茶叶生产过程中发挥着重要作用。根据茶厂的实际情况，从人员伤害角度和财产损失角度对茶叶生产过程中常见的紧急事故进行预案处理，具体如下。

1. 造成人员伤害的紧急事故应急预案

（1）机械伤害。茶叶生产过程中，对工作人员造成机械伤害的原因，一方面是由茶叶贮存、加工、包装及其他辅助设备等损坏或失灵引起的，另一方面是由工作人员操作不当或自身疏忽引起的。机械伤害一旦发生，应及时按照正确的方法处置：

① 发现事故的人员：立即通知应急部门指挥抢救，并迅速切断机械电源；

② 应急部门指挥人员：赶到现场后对机械伤害原因进行调查以排除险情并组织人员对伤员进行抢救及配合急救人员抢救。

③ 茶叶加工设备温度往往较高，若被烫伤，处理方法为：

一是应立即把烫伤部位浸入洁净的冷水中，水温不低于 -6℃，浸泡时间应持续 0.5 小时以上，这样能及时散热并减轻疼痛或烫伤程度，随后应前往医院处理。

二是若烫伤不严重（即表皮发红并未起泡），可先自行处理，用冷开水或淡盐水冲洗清洁创面，也可涂上青草油或烫伤药膏，外用纱布包敷即可。

④ 员工：若被刀具、机械等锋利物品轻微割伤、擦伤，应立即离开工作区，进行止血、消毒、包扎，保护伤口后，方能继续工作。

⑤ 员工在生产工作中若遇到严重伤害：应立即由车间现场主管组织人员送往急救中心或与 120 急救车联系，进行急救，并马上报告厂部。

（2）触电。触电急救必须争分夺秒，一旦发现有人触电，千万不能慌乱，应采用正确方法进行急救。

① 首先要迅速切断电源：或用不导电的竹棍或干木棍将导电体与触电者分开，使触电者迅速脱离电源，越快越好。

② 脱离电源后的触电者：应平抬到阴凉空阔地方。

③ 需要抢救的伤员：应立即进行正确抢救。如神志清醒者，使其就地躺平，严密观察，暂时不要站立或走动；如神志不清，就地仰面躺平，且确保气道通畅，并用 5s 时间，呼叫伤员或轻拍其肩部，以判定伤员是否意识丧失，禁止摇动伤员头部呼叫伤员。

④ 抢救过程中：也要及时联系急救中心（120）或就近送往医院进行抢救。

⑤ 急救部门人员到来前：若触电伤员呼吸和心跳均停止，应立即用心肺复苏法进行抢救：通畅气道→口对口（鼻）人工呼吸→胸外按压（人工循环），直到伤员的心跳和呼吸恢复，可暂停操作。

触电应急过程中，应注意以下几点。

① 切除电源时：有时会使照明失电，因此应考虑准备临时应急照明工具，且照明工具要符合使用场所防火、防爆要求。

② 在脱离电源中：救护人员既要救人，也要注意保护自己。触电者未脱离电源前，救护人员不准直接用手触及伤员，因为有触电的危险。

③ 医务人员：未接替救治前，不应放弃现场抢救，更不能只根据没有呼吸或脉搏擅自判定伤员死亡，放弃抢救。

④ 应急部门人员：接到触电报告后，要立即赶到现场进行指挥，对触电原因进行调查以排除险情，并组织人员配合急救人员进行抢救。

⑤ 触电处理以后：分析产生原因是由于哪些防范没有做好，以便及时整改，并向相关部门报告备案。

（3）高空坠落、物体打击。发现有人受伤，应尽快通知应急部门人员进行现场指挥，同时要检查伤员的受伤部位和严重程度，确认其是否处于危险状态，紧急情况下要向急救部门求救。待急救人员到达现场之前，应按照正确的方法迅速对伤员进行抢救，具体流程如下。

① 让受伤者侧卧，头向后仰，保证呼吸道畅通。

② 若呼吸停止则进行人工呼吸，若脉搏消失则进行心脏按摩。

③ 头部受伤者，若头皮出血，要用干净纱布直接压迫止血。如果血液从鼻、耳流出，一定要使负伤者平卧，且患侧向下。如果喉和鼻大量出血，则容易引起呼吸困难，应让受伤者侧卧，头向后仰，保证呼吸通畅。

④ 胸部外伤时，若呼吸时伤口有响声，应立即用铝片或塑料片密封伤口，覆盖物不必太大，然后用胶布固定，不让空气通过。若找不到密封用的铝片，可

立即用手捂住，患部向下侧卧，等待救护车。

⑤ 其他部位外伤时，若无明显动脉性出血及小创口出血，可先用生理盐水或冷开水冲洗局部，再用消毒纱布和绷带或者干净毛巾及其他软质布料覆盖包扎。如果创口出血较多，要加压包扎止血，压力以包扎后远端动脉还可触到搏动，皮色无显变化为适度。

应急过程中，应注意以下几点。

① 检查伤员时不能随便移动患者。

② 包扎伤口时，严禁用泥土、面粉等不洁物撒在伤口上。

③ 处理较急剧的动脉出血，手头若无包扎材料和止血带，用手指压在出血动脉的近心端的邻近骨头上，阻断血运来源。

④ 应急部门人员赶到后，要立即指挥处理事故。组织人员对伤员进行抢救并配合急救人员抢救，同时调查事故原因并采取措施排除险情。

（4）煤气及其他可燃气泄漏。当嗅到气味或发现煤气泄漏时，应采取以下程序处理。

① 保持冷静，切勿惊慌失措。

② 设法查明气味之来源并采取有效的措施加以控制。

③ 在气体泄漏现场严禁任何人使用明火，关闭所有电闸开关，以免电火花引燃泄漏气体。

④ 打开泄漏范围内有关门窗，加快气体扩散，阻止现场范围的非有关工作人员围观，并指导现场人员疏散。

⑤ 迅速通知消防队，详细说明事件发生的地点和程度，以便消防队根据情况作出处理。

2. 造成财产损失的紧急事故应急预案

（1）停电。茶叶生产过程中，突然停电，会使茶叶半成品因停止继续加工而变质，如揉捻叶若不及时烘干会变馊或红变，突然停电也会造成设备、电器等损坏。因此，应采取正确的处置措施。

① 如果是通知停电，应由厂部提前进行生产安排。

② 如果是紧急停电，现场人员应立即与配电室联系，尽快查明原因，做好原始记录，并采取措施恢复供电。

③ 恢复供电前，应关闭所有用电设备的开关和总电源，尤其是大功率负荷，并处置已在制作的原料和半成品，防止变质。

④ 安排当班保卫维持秩序，并采取必要措施，以防有人制造混乱。

应急过程中，应注意以下几点。

① 员工撤离车间必须由主管统一安排。没有得到主管通知，所有车间员工

不得自行离开工作岗位。

② 手中握有生产器具的，放置稳妥后，方能走动。

（2）停水。茶叶生产过程中，若突然停水，应及时采取相应的应急措施减少资源浪费，降低损失。

① 关闭水阀或各出水龙头，以防恢复供水时泄漏、满溢，造成对设备材料或生产环境的不良影响。

② 启动自备水源，清洗设备和器具，避免造成污染。

③ 处置已在生产的原料和半成品，防止变质。

④ 在处理现场的同时，应及时告知上级领导，并联系自来水厂，了解停水原因，并提供正常恢复供水时间，做好原始记录。

注意事项：

① 车间部门负责人和食堂人员平时注意蓄水池蓄水情况，遇到临时停水时，立即报告主管，寻求解决方法。

② 在没有得到主管部门通知的情况下，所有员工不得自行离开工作岗位。

（3）漏水或水淹。发现车间、办公室等处设施漏水或遭水淹应立即将情况通知应急处理小组，并向领导汇报。指挥人员在第一时间赶赴现场，尽快用就近的防水设施保护好受淹楼层及重要部门房间，拦截和疏泄积水，防止水势蔓延。水淹处理一般措施为：

① 立即关闭受水淹区域电闸，以防有人触电，并查找水源进行封堵。

② 在水势蔓延的通道上摆放沙包，防止水蔓延到其他区域。

③ 疏通排水地漏、排水渠，减少积水，并用吸水机吸排水。

④ 若水管道破裂，除采取上述措施外，还应尽快通知设备维修人员关掉破裂部位的水闸。

⑤ 如果在夜间或节假日期间受淹，值班人员应尽快通知企业领导和相关负责人。如果任何区域存在危险，应在该范围内设置警示标志，并派人看守。

（4）火灾、爆炸。茶叶生产企业若发生火灾或爆炸，不仅会对公司财产造成一定损失，也有可能危及到人身安全，因此，必须采取紧急措施进行抢救。

① 任何人发现火灾、爆炸或火警预报，应迅速启动厂内的紧急求救电铃，并报告上级主管领导。

② 发现灾情的人员立即喊周围人员共同救火，其他员工听到后迅速切断所属电源，积极配合救火工作，在确保人员安全的情况下尽最大努力抢救受灾物资和设备。

③ 若火情较小，可根据着火物体选择相应的灭火方式，如精密仪器着火，须用二氧化碳灭火器；电器着火，应立即切断电源，并用干粉灭火器或干砂灭火。

④ 若火势灾情较重，现场人员处理不了，则应一边控制灾情蔓延、一边向应急部门报告。

⑤ 应急部门指挥人员应立即赶到灾情现场组织救灾，并根据灾情决定是否向火警（119）求救。报警时要讲清楚单位、地址、起火部位、燃烧物品、灾情以及报警人姓名和手机号码，并派专人负责到路口迎接。同时，门卫应及时开启公司大门，确保通道畅通，并引导消防车进入。

⑥ 在火灾中受伤的人员，应及时抱、背、抬离火场；在烟雾中迷失方向的人员，应采取正确方法引导他们撤退，火场人员疏散由安全负责人全权负责；若人员身上着火，可将着火衣物脱掉浸入水中或踩灭，也可就地打滚，把火窒息，未着火的人可用麻袋、湿衣物等朝着火人身上覆盖、扑打或浇水。

⑦ 火灾处理以后，协助消防和公安部门对事故发生经过进行详细调查，分析火灾事故发展的整个过程，找出原因和补救的处理方法，追究责任人，写出事故报告，并向相关部门领导报告。

注意事项：

① 各部门平时要认真落实安全责任管理，确保生产车间及仓库的通道畅通、严禁在通道堆放物资。

② 在区域内配置消防器材、做到定期检查（每月检查一次）、任何人不得随意挪用移动灭火器材，应使其处于良好状态。

③ 在救火中，先抢救重要物品、尽量避免财产遭损失。

④ 员工必须明确生产操作中的不安全火险隐患、火灾预防措施，同时必须做到会报警，会使用各种消防器材、会扑救初起之火。

⑤ 员工离开岗位时必须关电、关水、关窗、关气、关火。

以上仅是茶叶生产企业常见的紧急事故，在实际生产过程中，可能会出现其他多种无法预估的紧急事故，如地震、台风、冰雹等自然灾害以及其他技术原因或人为原因引发的事故。因此，对紧急事故进行认真研究，正确分析和了解紧急事故的基本特征，科学设定紧急事故的应急预案，建立面对事故的预警系统和预防机制，并提出科学合理的应对措施如车间内按要求设置急救箱、配置急救器材等，对于保障企业员工人身安全和财产安全具有重要实际意义。政府、社会以及企业领导应加强对紧急事故防御的重视程度，同时有责任加大宣传教育力度，提高公众应对紧急事故的能力。当紧急事故发生后，能做到从容应对、正确处理，从而将危机的损失和影响控制在最小范围。

参考文献

[1] 薛克勤. 中国大中城市政府紧急事件响应机制研究 [M]. 北京：中国社会科学出版社，

2005：29.

[2] 郭研实. 国家公务员应对突发事件能力 [M]. 北京：中国社会科学出版社，2005：4.

[3] 袁辛奋，胡子林. 浅析突发事件的特征、分类及意义 [J]. 科技与管理，2005（4）：23-25.

[4] 朱力. 突发事件的概念、要素与类型 [J]. 社会学研究，2007（11）：81-88.

[5] 胡媛. 供应链突发事件的应急管理研究 [D]. 重庆：重庆交通大学，2008：19.

[6] 姚凯. 对用电安全的探讨 [J]. 科技资讯，2007（03）：197.

[7] 魏国栋. 电气设备用电安全探讨 [J]. 科技与企业，2012（20）：91.

[8] 崔政斌. 用电安全技术 [M]. 北京：化学工业出版社，2004：520.

[9] 郭莉鸿，等. 安全用电 [M]. 杭州：中国电力出版社，2007：216.

[10] 邓星钟. 机电传动控制 [M]. 武汉：华中科技大出版社，2007：455. [11] 权启爱. 茶叶加工机械的选用与配备 [J]. 中国茶叶，2008.

[12] GB/T 20014.12—2013 良好农业规范 第 12 部分：茶叶控制点与符合性规范 [EB/OL]. http：//down. foodmate. net/standard/sort/3/39372. html

[13] 丁勇. 名优绿茶加工设备的技术特性与应用 [J]. 中国茶叶加工，2013，（4）：46-50.

[14] 吴喜云. 谈龙井茶的机制工艺 [J]. 茶叶，1993，19（3）：40-41.

[15] 赵先明. 屏山条形炒青茶加工工艺技术应用效果 [J]. 贵州茶叶，2010，38（4）：24-25.

[16] 赵艳萍，姚冠新，陈骏. 设备管理与维修 [M]. 北京：化学工业出版社，2014.

[17] 杨士敏，罗福兰. 工程机械设备现代管理 [M]. 西安：陕西科学技术出版社，1999.

[18] 吴先文. 机电设备维修 [M]. 北京：机械工业出版社，2013.

第五章　常见故障与排除

第一节　摊晾设备常见故障与排除

一、摊晾（青）设备的用途

　　名优绿茶加工过程中，鲜叶都要首先从贮青和摊青开始。鲜叶贮青的主要目的在于保持芽叶的新鲜、不变质，为各类茶叶提供新鲜的原料，而摊青通常是指绿茶加工时使芽叶适度萎凋，失去部分水分，促进茶叶内含物质适度转化，更有利于杀青、为形成成品茶品质创造条件，是绿茶加工必不可少的工序。绿茶摊青方式和与之相适应的设备也在不断发展之中，高档名优绿茶摊青对环境的温度、湿度及通风失水都有较严格的要求，摊青方式有采用专门的摊青架、摊青槽、摊青机等，摊青槽可实现对鲜叶鼓风，摊青机则可实现鲜叶自动上下料、摊青时温、湿度及时间可控。近年来，摊青机往往可实现一机多能，既用于鲜叶摊青，也可用于茶叶加工过程在制品茶的冷却、摊晾及回潮。摊晾（青）设备在茶叶加工过程中的运用较为广泛，它不但能进行茶叶摊放处理，也用于名优绿茶连续化自动化生产线加工过程中杀青叶、烘干叶的快速冷却输送，还适用于茶叶加工生产流水线前后工序各设备之间的衔接输送。所以，摊晾（青）设备是名优绿茶连续化生产加工过程中一种不可或缺的设备（图 5-1）。

图 5-1　鲜叶摊青机

　　摊晾（青）设备用于鲜叶摊放时主要是使鲜叶内的水分向叶片表面散发，降低鲜叶的含水量，并使叶片柔软，便于后序加工。用于名优绿茶连续化流水线生产加工过程中杀青叶、烘干叶的快速冷却输送时，主要是将加工后的杀青叶、烘干叶摊放在不锈钢输送网带上。输送网带底部配备有高速推晾风扇吹风冷却，在输送过程中，使杀青叶、烘干叶快速降温，确保杀青叶、烘干叶的原有品质。

二、推晾（青）设备的种类及组成

目前，规模稍大的茶叶机械生产企业均生产各种茶叶推晾（青）设备，这些设备一般分为两大类：一类是与名优绿茶连续化流水线配套的不锈钢网带输送式推晾（青）机，台时产量较大，能够对鲜叶或在制品茶温、湿度进行控制，自动化程度较高，常用于规模较大的茶叶生产企业。另一类是箱式茶叶推晾（青）机，台时产量较低，不能连续作业，主要适用于茶叶生产加工专业户和大户。

1. 网输式推晾（青）设备的组成

网输式推晾（青）机主要由机架、不锈钢输送网带、主动轴辊、从动轴辊、料斗、匀叶器、推晾（青）室透气门、减速电机、传动装置、电器控制系统、推晾（青）冷却风扇和不锈钢输送网带调节装置等构成。图5-2为浙江绿峰机械有限公司生产的100型回潮（摊青）机结构图。

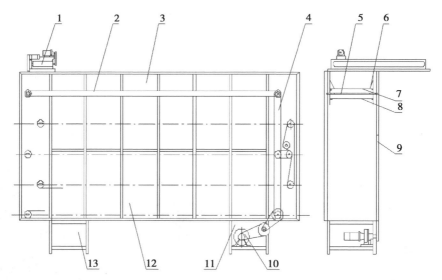

1.布料机，2.链条组件，3.回潮室，4.传动组件，5.托辊组件，6.挡茶板，7.食品皮带 8.拉杆，9.传动罩，10.减速机，11.前传动架，12.透视玻璃门，13.后框架

图5-2　100型回潮（摊青）机结构

2. 箱式茶叶推晾（青）设备

　　箱式茶叶推晾（青）机主要由箱体（分为单箱式和双箱式）、不锈钢网筛（分为方形网筛和圆形网筛）、网筛托架（分为固定式和旋转式）、加温系统、送风风机、排湿风机、温（湿）度传感器及显示装置、电器控制系统等组成。推晾（青）层数 12～20 层，推晾（青）有效面积 6～18m²。图 5-3 为浙江绿峰机械有限公司生产的 10 型回潮（摊青）机结构图。

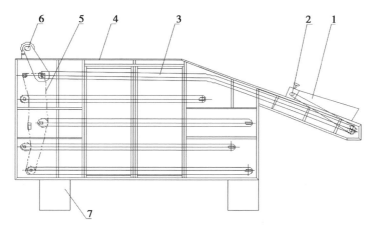

1.进料框，2.匀叶器，3.输送网带组件，4.机架，5.传动组件，6.减速机，7.底架

图 5-3　10 型回潮（摊青）机结构

三、推晾（青）设备常见故障与排除

1. 网输式推晾（青）设备常见故障与排除

　　（1）减速电机、推晾（青）冷却风扇设备无法起动。解决此故障应采用排除的方法，首先检查相电压是否正常，接触器、连接线等各联接点的联接是否可靠；其次如果在电压正常、各联接点联接可靠的情况下，则应检查减速电机、推晾冷却风扇是否损坏，如果损坏，及时更换。

　　（2）不锈钢输送网带走偏。不锈钢输送网带走偏的原因主要是不锈钢网带两侧调节装置的调节螺栓拉紧度不一致。解决方法是：面对前进方向，当不锈钢网带向左走偏，则要逐渐调紧右侧调节装置的调节螺栓（如果不锈钢输送网带已经绷紧，则逐渐调松左侧调节装置的调节螺栓），至不锈钢输送网带居中行进为止；当不锈钢输送网带向右走偏，则要逐渐调紧左侧调节装置的调节螺栓（如果不锈钢网带已经绷紧，则逐渐调松右侧调节座的调节螺栓），至不锈钢网带居中行进为止。

（3）茶叶在不锈钢输送网带上摊放不均匀。茶叶在不锈钢输送网带上摊放不均匀的主要原因是匀叶器的调整有偏差。要根据每个批次所做茶叶的嫩度，及时调节匀叶器叶片顶端与不锈钢输送网带带面之间的间隙，调整时，匀叶器两边的调节螺栓要调整一致（图5-4）。

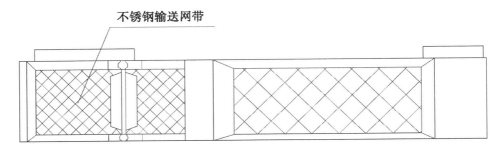

不锈钢输送网带

图5-4　匀叶器与输送网带

（4）网输式推晾（青）设备运转过程中出现卡滞现象。网输式推晾（青）设备运转过程中，有时会出现不锈钢网带行走忽快忽慢，存在卡滞现象。原因主要有两个：一是轴承座固定螺栓有松动、轴承磨损间隙大或轴承座严重缺少润滑油脂；二是传动链轮与链条之间间隙太大出现跳齿现象。解决上述问题的方法是：

① 紧固轴承座固定螺栓。

② 打开轴承盖，检查轴承的磨损情况，并及时更换轴承。

③ 向轴承座注入润滑油脂。

④ 按要求调整传动链轮与链条之间的间隙至正常状态。

2. 箱式茶叶推晾（青）设备常见故障与排除

（1）旋转式网筛托架电机、送风风机、排湿风机、加温系统无法正常运转或工作。解决此类故障应采用排除的方法，首先检查相电压是否正常，接触器、连接线等各联接点的联接是否可靠；其次如果在电压正常、各联接点联接可靠的情况下，则应检查旋转式网筛托架电机、送风风机、排湿风机、加温石英管是否损坏，如果损坏，及时更换。

（2）温（湿）度显示装置不显示或显示不准确。解决此类故障应采用逐一排除的方法，首先检查相电压是否正常，接触器、连接线等各连接点的联接是否可靠，如果在电压正常、各联接点联接可靠的情况下，然后应采取分步更换温（湿）度传感器或显示装置来确定损坏的部件，并及时更换。

3. 摊青（萎凋）控温控湿设备常见问题、故障与排除

以 6CTQ-10（H18）摊青空气处理机组为例做简要介绍。

工作原理：在 PLC 控制面板上输入所需温度和湿度，并选择运行模式后，系统根据当前传感器传回数据自行运算判断目前摊青（萎凋）环境温湿度是否符合设定值，并据此启动相应制冷、制热及加湿分系统和室内风循环，使之调节至设定值（回差范围）内。抽湿采用制冷原理，使空气中水汽在通过蒸发器时冷凝析出。加热采用空气流经 PTC 发热板升温。加湿采用超声波雾化方式（图 5-5）。

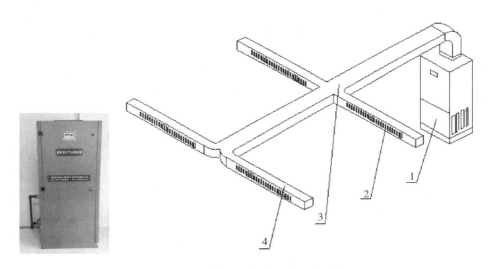

1.主机　2.出风口　3.主干管道　4.分流管道

图 5-5　6CTQ-10（H18）摊青空气处理机组

（1）主要构成。室内主机柜含显示设置采集运算控制电路，风循环系统，加湿子系统，加温子系统，制冷抽湿系统，温湿度测量，压力传感及各种保护电路。室外由冷却塔及循环水泵管路组成。

（2）送风系统。交流接触器、热保护器，外转子离心风机和机外风管组成送风系统，通过风管组使摊青房内送风均匀，风温平衡，风速降低。

（3）加热系统。3 组固态继电器，3 组 PTC 加热板，PTC 加温温控开关，柜内温度传感器组成空气加热系统，由控制系统根据室内空气温度，判定需开加热组数并给相应固态继电器信号，开放或断电 PTC 加热板输入电流，并通过 PTC 加热温控开关限定热风最高温度。

（4）制冷、抽湿系统。由压缩机、蒸发器、冷凝器相应管路以及高低压压力表组成，冷凝器换热由冷却塔及循环水泵和管路完成。

（5）加湿系统。由超声波雾化器、开水电磁阀、水位开关及相应管路组成，通过超声波雾化来增加湿度。

（6）控制系统。PLC 控制器、电源模块和信号采集模块和运算、放大、转换模块组成。

该机在设计时采用了多种保护，故障率极低，大部分故障其实属于设备自保护，在出现保护后只需排除报警原因，解除报警即可恢复正常运行。

常见问题有：

① 机后显示相序或电压高限：原因为接线时进线相序有误，任意交换两根相线即可。电压高限则为输入电压过高，需调整输入电压（一般为 5% 以内）。

② 压缩机高压故障：原因为冷却不够，造成制冷系统高压段压力超限，引起系统保护，检查冷却塔水位，补充冷却水至正常水位，并需通过整机断电再上电方法解除系统警报及保护。如此操作后设备仍无法正常制冷，可检查压缩机热保护器是否已保护动作，如已动作则需复位热保护器，之后再整机断电再上电来解除报警即可。

③ 风机故障显示：原因一般为风机进风阻力太大，造成负压，引起风机热保护，或出风阻力太小，造成风机功率超载，引起风机热保护或输入电源有误。恢复方法同理，可检查风机热保护器是否已动作，如已动作则需复位，再整机断电再上电解除报警即可。

④ 低压故障：此类故障一般较为少见，主要有两类情况，当运行温度设定低于 18℃，并摊青房内空气湿度较高时，极易在蒸发器形成积霜，造成制冷剂循环不畅，使低压端压力偏低，造成报警停机保护。恢复方法。只需在通风状况下让设备运行 20～30min，待结霜融化后即可正常运行。

管道缓慢泄漏引起的低压不足，应及时补充制冷剂，并查找泄漏部位，视情处理。另外因冷却不足引起的高压故障，有可能造成管路泄漏，制冷剂不足，造成低压故障。

⑤ 摊青房内湿度偏高，摊青效果不明显：该机在自动运行模式下，默认为温度优先，即设备在运行时，首先将室温加热至设定温度后，再转为制冷抽湿，所以在某些保温效果较差的摊青房。在春茶季节室外温度较低时应注意设定温度不可设置太高，以免设备因达不到设定温度一直在加热中而不制冷抽湿。或者同时开启辅助加热，以提高室温。

第二节　杀青设备常见故障与排除

　　杀青是绿茶加工的关键工序之一，对成品茶的香气、滋味等内质风味影响显著。杀青的目的在于：①破坏鲜叶中酶的活性，制止多酚类化合物的酶解氧化；②散发青气，发展茶香；③改变叶子内含成分的性质，消除其涩味，促进绿茶品质的形成；④蒸发一部分水分，使叶质变柔软，增加韧性，以便茶叶后续加工。

　　生产线中常用杀青设备，主要有电磁滚筒杀青机、电热管滚筒杀青机、燃气式滚筒杀青机、高温热风杀青机、蒸汽杀青机、微波杀青机等，其各有优缺点，在此不作详述。滚筒杀青机因具有杀青效果好、产量高、连续作业的特点，应用较广，故有多种类型。但其设计原理基本相同，机械部分结构也无大的差别，主要机械构造由滚筒体、导叶条、排湿装置、主机架、倾角调整装置、传动装置、外罩装饰等组成，其热源常见有电磁感应加热系统，电热管加热，燃气式加热及高温热风炉及蒸汽发生器，温控方式有红外线在线测温仪加智能温控仪，热电偶加温控表等方式。

一、电磁滚筒杀青机

　　1. 主要构成（图 5-6）

　　（1）电磁加热装置。60、80 系列由 3 组电磁加热控制器及相应感应线圈、软启动开关、信号指示灯以及水冷管路组成，对应前、中、后各段筒体加热。110 系列由 5 组水温传感、水压传感、声光信号灯以及冷却塔和管路组成的冷却系统构成，对应筒体前后各段的加热。

　　（2）温控系统。非接触式红外传感器、智能型温控仪、开关电源组成实时筒体温度测量，控制回路，并输出信号控制电磁加热控制器工作状态，从而实现筒体的各段温度的恒定。

　　（3）筒体倾角调整系统。由主机架、承重脚（2 个）、T 型块（4 个）、承重轴及前端升降支撑脚（左右各一）、齿轮减速箱、减速电机及倒顺开关组成筒体倾角系统，通过电机正反转改变支撑脚长度，达到改变筒体倾角调节杀青时间的效果。

　　（4）筒体旋转承重分系统。由直流调速电机、减速箱、中间轴、链条、左右前主动托轮、后被动托轮、前后滚圈及滚筒体组成，经调节直流电机转速达到改变滚筒速度目的的。

　　（5）排湿装置。由排湿罩、排湿电机、离心式不锈钢风叶、箱体、排湿管组成，其作用为排除筒体内多余水汽，以利杀青叶色泽和香气。

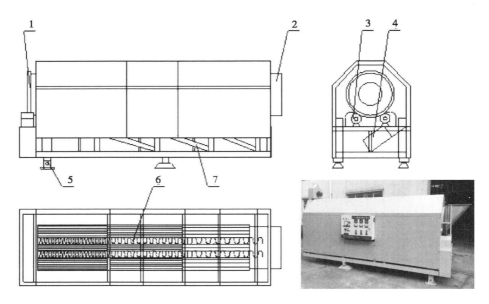

1.进料口　2.滚筒　3.方转结构　4.电气控制箱　5.倾角调节　6.电磁加热系统　7.机架

图 5-6　80 型电磁滚筒杀青机结构与实物照片

2. 电磁加热原理

电磁加热作为一种较新型的加热方式，其原理：利用磁场感应涡流原理，采用高频电流，通过电感线圈产生交变磁场，对金属加热体进行切割，产生交变电流（涡流），使加热体原子高速无规则运动，互相碰撞摩擦而产生热能。由于是加热体自身发热，故电能转化为热能效率特别高；理论上可达 95%，远超电阻加热方式 37% 的效率。同时因传统电热管为电热管发热后加热空气，再传递给筒体，经过转换后，电热管加热能量利用率更是降低。

另外电磁加热具有停止作用明显、加热惯性小特点，利于精确控制温度。

现阶段茶机设备上所用电磁加热的基本模式为三相 380V 输入经大功率桥堆整流后变 直流电，再经 IGBT 模块逆变形成高频单相交流电，通过感应线圈在筒体上形成涡流，产生热量。因 IGBT 和桥堆在工作时会产生一部分热量，故电磁滚筒杀青机往往需要导入冷却水以降低 IGBT 模块和桥堆工作温度，确保长期可靠工作。绝缘栅双极型晶体管（IGBT，Insulated Gate Bipolar Transistor）是由 BJT（双极型三极管）和 MOS（绝缘栅型场效应管）组成的复合全控型电压驱动式功率半导体器件。

3. 常见故障与排除

在杀青叶品质异常时应注意区分采摘、摊放所引起的情况与杀青机工作异常的情况，在鲜叶原料大小差异较大时易造成部分杀青过度，部分杀青不到位，在摊青不足时易造成产量下降、杀青不足、有爆点、茶香不显、色泽偏暗、有青草味等，在摊青过度时易造成焦边、焦香等，同样投叶量过大过小，亦会造成杀青叶品质不同。

开机后开始工作正常，但一段时间后温度上不去。应先检查冷却水流量是否偏小，如手试出水口水温有烫手感，则流量不够，加大流量即可。原因为模块得不到足够冷却，模块温度传感器检测到温度超限，即进入自保护，以避免电路损坏。

加热指示灯长亮并温控仪温度显示异常或一直加热中。可先检查温度传感器镜片上有无积尘，如有用无水酒精清洗干净，以及镜头与测温窗口是否对准，如偏离则调正。

某个温控仪显示明显高于实际温度数值较大。可测量温控仪，输入信号电压，如有偏差则检查温度传感器输入电压 24V 是否正常，线接头是否松动，开关电源输出是否正常。如无偏差则检查温控仪参数设备是否正确，如正确则换温控仪。

打开加热软启动开关后，加热指示灯闪烁不加热。检查软启动开关有否触点接触不良，如正常，检查温控仪输出触点接触是否良好。如断路需更换温控仪。如正常则检查控制箱内 IGBT 模块温度传感器插头及各控制插头接触是否良好。或利用控制箱自检功能对照故障代码表查找原因，酌情处理和联系厂家。

滚筒转速忽快忽慢。利用面板上电压表看电压波动是否较大，如较大则为输入电压不稳造成。如稳定则观察滚筒电机转速表，显示转速是否波动较大，如有较大波动，一般为调速电位器故障，更换即可。如更换电位器后仍不正常则需联系厂商处理。同时滚圈与托轮长期润滑不良造成不均匀磨损及筒体变形严重的，亦会造成滚筒转速忽快忽慢，以及传动皮带打滑。

滚筒电机开机后无法调速。一直在最高转速，可检查励磁线圈有否断路，如正常则测量励磁电压是否正常，如不正常则为调速电路故障，需联系厂家更换调速控制器。

排湿风量不足或无排湿。首先检查风机旋转方向，其次是否风叶上有较多粘结物，如有则拆卸后清洗干净。另排湿风管有否堵塞（在茶机闲置期会有鸟类在风管中筑巢）。

工作时噪音较大。检查滚圈与托轮是否有足够润滑，托轮轴承有否损坏，滚圈固定螺栓有无松动、缺失、断裂，如有以上表现可对应处理即可。

二、燃气式滚筒杀青机主要构成及常见故障与排除

燃气式滚筒杀青机主要构成如下。

①燃气加热系统：2～5 组多喷头燃烧器、点火电极、气管、电磁阀、分路调压阀、总阀、防回火器、风机、调节风门等组成。

②温控系统：温控仪、温度传感器、交流接触器组成。

③筒体旋转承重系统：碳钢滚筒体、前后滚圈、前主动托轮、后被动托轮及左右传动齿轮、链条、中间传动轴、齿轮、电机、变频器（或电磁调速电机）组成。

④排湿装置：排湿罩、排湿风机、管路、电机开关组成。

⑤主机体：主机架、外罩板、保温层、排烟口等组成。

燃气式滚筒杀青机常见故障与排除方法，与一般滚筒杀青机基本相同，但因加热方式的不同也有所不同，主要表现如下。

（1）滚筒运转不顺畅或起转困难。应首选检查电路有否缺相，电机皮带是否过松或过紧，不适当的皮带预紧度都会影响转速平稳。如正常则检查传动链条及托轮、中间轴轴承是否卡死，以及筒体与上下壳体保温层是否粘结，主动托轮与滚圈间是否润滑脂过多造成打滑，如过多则擦除即可。

（2）加热速度慢，温度上升缓慢。检查各组燃烧排工作是否正常，如正常检查温控仪及温度传感器，如正常燃烧则检查相应燃烧排、喷嘴是否堵塞，供气压力是否正常，电磁阀是否工作正常，是否开、关动作不到位。

（3）燃气不点火或点火困难。放电点火针（电极）间距是否太大、太小，有无火花，如无放电火花，则有可能高压线圈损坏，需更换。另供气压力太大、太小，亦会造成点火困难或不点火，调节压力至厂方要求压力即可。

（4）燃烧式点火有异响、噪声，排烟口有烟雾。当进风量与供气量匹配不良时，易发生点火与熄火时爆鸣和点火困难，同时会造成燃烧不完全，产生烟雾，发热量降低，筒壁温度上不去，应缓慢调整风门开关调整至燃烧完全无烟、及燃烧稳定为止。

（5）滚筒出叶段有时粘叶或杀青不均较严重。主要原因，后段筒体壁温不足或投叶量过大，如投叶量正常则需检查后段燃烧排工作是否正常，喷嘴有否堵塞，以及后段供气动态压力是否偏低，或供风不足燃烧不正常造成热量不够。

（6）杀青叶偏黄或干茶苦涩味较重，排湿不足或无排湿，排湿罩震动大。当排湿不足时，容易引起杀青叶色泽偏黄或偏暗，以及苦涩味较重，可检查排湿风机是否正常工作、排湿方向是否正确，风叶上是否粘结茶叶，是否杂物较多（清理掉即可）以及管路是否堵塞，投叶量是否过大，杀青时间是否过长。发现问题逐一排除。

（7）温度波动较大或点火后燃烧排继续工作。智能型温控仪回差设置过大或滞后时间设置太长，会引起温度波动过大，以及电磁阀在断电后卡死在开的状态，会引起燃气无法切断，继续燃烧加热。另在某些厂家配有燃气控制器的回路中，燃气控制器故障，亦会有此故障。

（8）关于供气压力问题。关于燃气供气压力，建议在满足正常燃烧前提下尽量调低供气压力，较高的压力容易引起管路泄漏和点火不良，影响安全。

（9）电机转速无法调节。电磁调速电机采用测量电机发电机电压方式来测量电机转速，并据此稳定和调节转速，当发电机输出无电压或不准时会引起调速电路因无输入信号而无法调节稳定转速，可测量电压并与相应参数比对，如有故障则需更换电机。另可检查连接线及接头是否接触不良或断线引起信号异常，以及电磁调速器熔断体坏（保险丝断）亦会有此故障。

三、高温热风滚筒杀青机主要构成及常见故障与排除

高温热风杀青为利用高温干燥空气与茶鲜叶接触，在吹送过程中使叶温快速升高，蒸发水分，达到杀青目的，是属于热对流型式，与筒壁加热的热传导型杀青方式有较大不同。

1. 主要构成

由主机、热风炉两大部分组成。

（1）热风炉：由炉体、炉胆、换热器、鼓风机、引烟机、主风机等组成。

（2）主机：

一是滚筒倾角调整系统，由下部机架、上部机架、中间铰接轴、后端铰接轴和螺杆式升降器组成。

二是滚筒旋转调速及承重系统，由前主动托轮、后被动托轮、上机架构成滚筒承重系统，滚筒体、前后滚圈、前主动托轮、齿轮链条、中间轴及齿轮皮带盘、皮带、皮带盘、变频调速电机、电机开关等构成滚筒旋转调速系统。

三是热风系统，由中心佩管、外接佩管及热风炉主风机、管路等构成。排湿罩及风管和机体后段罩板组成排湿系统。

四是温度测量，由机械式温度表承担，温度调控由调节风量及改变炉膛内燃烧火大小实现。

2. 常见故障与排除

（1）风量小或无风。检查主风机、三相电压、是否缺相及进风口有无堵塞。

（2）滚筒运转不灵活或不转。检查电机是否正常运转，皮带松紧度是否合适，是否打滑，主动托轮与滚圈是否润滑过多，筒体与上下壳体、保温层是

否粘结。

（3）杀青叶焦叶、偏黄。杀青时间是否过长，投叶量是否均匀，筒体倾角是否不够。

（4）滚筒出叶段粘叶。出叶段温度偏低，提高热风温度，加大风量即可。

第三节　做形及揉捻设备常见故障与排除

做形和揉捻设备是形成名优绿茶独特外形的关键设备，常见的设备种类有：揉捻机、理条机、双锅曲毫机、扁茶炒制机等，其常见故障与排除方法如下。

一、茶叶理条机

理条机适用于高档名优绿茶中条形茶的理条、整形作业，成品茶条索紧直、芽叶完整、峰苗显露、色泽绿润。也适用于扁形茶加工中，茶叶制扁前的理条、整形，经过理条、压扁的成品扁形茶外形扁平光滑、挺秀尖削、均匀整齐、色泽嫩绿。

1. 结构

理条机由槽锅、加热炉灶（柴、电、气等）、机架和传动机构等组成。按不同制茶工艺要求，锅槽的形状又有不同，按不同的工艺配置，锅槽的形状和锅槽数量也不同，有 8 槽、11 槽、14 槽、18 槽等形式。按生产线自动化程度要求不同，理条机的配置有间歇式和连续式两种方式。

2. 常见故障与排除方法

（1）出茶门处漏茶。

① 检查弹簧是否失去弹性或弹性不足：若是弹簧弹性不足，则会使出茶门与锅体不能紧合，在机械往复运动过程中会导致漏茶，这时就要更换弹簧。

② 检查出茶门是否变形：如果出茶门板受热变形，就会使出茶门板与锅体贴合不合缝，产生漏茶，可用木锤调平或更换。

③ 检查出茶门处是否堆积了茶尘：堆积的茶尘使出茶门板与锅体贴合不合缝，产生漏茶。若堆积茶尘则应清理干净。

（2）锅体跳动异常。

① 检查内滑套或导轨是否磨损：若磨损明显会产生锅体跳动或产生异常声响，这时应更换内滑套和导轨。

② 检查连杆和销轴结合处的销轴是否磨损：若磨损明显会产生锅体跳动或产生异常声响，这时应更换销轴。

（3）异常声响。

① 检查油槽是否有油或油量不足：没有油或油量不足会产生干磨声，机械运行阻力增大产生异常声音；

② 检查滑套或导轨是否磨损：若磨损明显会产生锅体跳动或产生异常声响，这时应更换滑套和导轨。

③ 检查连杆和销轴结合处的销轴是否磨损：若磨损明显会产生锅体跳动或产生异常声响，这时应更换销轴。

④ 检查锅体与机架或加热源部件是否有碰撞或摩擦：锅体受热变形时，可能与加热部件有刮擦，可以将加热炉刮擦处打磨或整形复位。

⑤ 检查传动部件、各紧固件是否松动：特别是检查各轴承座的固定螺栓是否松动。检查各皮带轮位置是否正确，检查大皮带轮与中间皮带轮之间的皮带是否太松。

⑥ 检查锅体与锅框的间隙：锅体与锅框间隙大会产生撞击声。在正常工作温度状态下有间隙时，可提起锅体，在有间隙处的锅框处往里敲击，调整间隙。但锅体与锅框之间不能太紧，否则，锅体提不起来。

⑦ 检查机架上地脚螺栓是否松动：地脚螺栓松动会使机械产生共振，响声特别大，如出现这种情况需要紧固所有地脚螺栓。

（4）电热式理条机的电炉温度升不上去。

① 拆开后面罩板，检查线路是否完好，是否有电热管脱线。

② 检查电热管是否都加热，更换没有发热的电热管。

③ 检查电路的电压，是否达到工作电压。

二、扁形茶炒制机

扁形茶炒制机也称长板式龙井茶炒制机，是按照扁形茶手工炒制工艺要求设计的，由单锅发展到两锅连体、三锅连体、四锅连体等多种形式。集手工杀青、理条（压扁）、辉干多功能为一体。该机械炒制的扁形茶扁平光滑，色泽翠绿，芽叶完整。

1. 结构

扁形茶炒制机由半圆柱形长槽锅、转动炒手（也称压板）、加热系统（电、气等）、传动机构、机架以及控制系统等组成。按不同生产线配置，有单锅炒制机、两锅炒制机、三锅炒制机和四锅炒制机等。

2. 常见故障与排除方法

（1）锅内茶叶一边多一边少。

① 场地地面不平整：使得机械摆放不平整，茶叶会向低的一边走，需要将机械的左右垫平。

② 锅内炒板与锅槽不平行：茶叶会向炒板间隙大的一边走。调节炒板与锅槽的间隙，使锅槽的同一轴线上（一般以出茶门边沿为准）炒板两头与锅槽的间隙一致。

（2）锅体内转动部件不转。

① 链条断裂，需要更换链条。

② 转轴上或电机轴上的链轮孔内平键脱落，补装平键。

③ 电动机损坏。更换电机。

（3）转轴运行忽快忽慢。

① 转轴上的炒板对锅槽压力太大，需要调整炒板与锅槽之间的间隙或调节降低锅体。

② 电机链轮到转轴链轮间的传动链条太松，调整电机位置拉紧传动链条。

③ 传动链条磨损伸长或链轮磨损严重，更换链条或链轮。

（4）锅槽内温度升不上去。

① 拆开罩板，检查线路是否完好，是否有电热板脱线。

② 检查电热板是否都加热，更换没有发热的电热板。

③ 检查电路的电压，是否达到工作电压。

三、双锅曲毫炒干机

双锅曲毫炒干机主要用于卷曲形名优茶，如碧螺春、涌溪火青、泉岗辉白、临海蟠毫等的做形作业。

1. 结构

双锅曲毫炒干机由炒锅、炒板、加热炉灶、传动机构以及机架等组成。其中，炒锅为口径50cm的球形铸铁锅，加热炉灶有电加热、液化气加热和柴煤加热等不同方式、炒板是一块弧形铁板沿转轴按一定摆角和一定频率炒动。

2. 常见故障与排除方法

（1）异常声响。

① 检查连杆或销轴等是否磨损，若磨损明显应更换。

② 检查各运动部件润滑剂是否挥发完，若是则加润滑剂。

③ 检查传动部件，各紧固件是否松动，带轮位置是否正确。

（2）锅体内温度升不上去。

① 拆开罩板，检查线路是否完好。

② 检查电热管（丝）是否都发热，更换没有发热的电热管（丝）。

四、茶叶炒干机

滚筒炒干机是利用旋转的滚筒金属腔壁作为传热介质，加热装置加热筒壁，茶叶在筒内随筒体旋转而翻动，不断接触筒壁吸收热量，使叶温增高，蒸发水分。在干燥过程中，由于茶叶的挤压、翻滚，能促使茶条的形成，同时由于与金属壁的摩擦，又有磨光起霜的作用。

1. 基本结构

茶叶炒干机由滚筒体、加热装置、传动机构和机架等组成。

2. 常见故障与排除方法

（1）滚筒不转或运转不灵活，有卡阻现象。

① 运输中滚筒与上下壳体错位：调整托轮中心距及壳体机架的连接板，保持筒体与上下壳体同轴度，使周围间隙均匀一致。

② 传动皮带打滑：调整皮带张紧度。

③ 电动机接线接触不良或缺相，拧紧接线柱螺母，保证三相供电运行。

（2）滚筒逆向（反转）运转不动。

扳动倒顺开关太快，使触头空接。倒顺开关扳动速度要适当，避免动作过猛。

（3）柴煤式炉灶和机器漏烟现象。

① 烟囱过低：拔烟能力不足，应加高烟囱，一般不低于3m。

② 烟囱逆风方向套接：调整烟囱套接方法。

五、茶叶揉捻机

揉捻机是用来完成茶叶初制加工揉捻成条索的作业机械。揉捻作业有两个目的：一是卷紧条索，为形成一定的外形打下基础；二是适度破坏叶细胞组织，使干茶既容易冲泡又具有一定的耐泡性。

1. 基本结构

揉捻机由揉桶、揉盘、加压装置、出茶门机构、减速装置、传动机构和支座等组成。

2．常见故障与排除方法

（1）揉筒反转或不转。

① 三相电机接线有误，任意交换电机上两相接线位置。

② 主动曲臂与主动轴上紧定螺钉脱落、松动，检查拧紧紧定螺钉。

（2）机器运转噪音大。

齿轮减速箱内润滑油不足或齿轮磨损，拧松注油螺塞，添加 10 号机油或更换齿轮。

（3）压盖晃动过大撞击揉桶。

① 立柱下端紧固螺栓松动，拧紧松动的有关螺栓。

② 加压臂与导向螺母联接螺栓松动，拧紧松动的有关螺栓。

六、燃气式茶叶机械燃烧部分常见故障及排除

1．燃气点不着火

（1）检查气源是否有气，如无气则应更换气源。

（2）检查电器部分，调节发火针位置及调换电池，调节后不发火应维修更换。

（3）检查开关部分或喷嘴是否有异物，清理喷嘴堵塞物。

（4）检查减压阀是否通气，减压阀不通气，应更换。

2．燃气出现黄火

（1）检查气源是否有气，如无气则应更换气源。

（2）检查燃烧器，清理燃烧孔。

（3）检查喷嘴，清理喷嘴堵塞物。

3．燃气火苗不匀

（1）检查燃烧器，清理燃烧孔。

（2）检查挡火条（特指理条机）宽度是否均匀。

4．燃气燃烧有噪声

（1）检查燃烧器，清理燃烧孔。

（2）检查喷嘴，清理喷嘴堵塞物。

（3）检查管路的气密性。

第四节　干燥设备常见故障与排除

茶叶干燥设备大致可分为炒干设备和烘干设备两种。随着经济发展和环保要求的提高以及基于设备的性能、功效、运行成本等各方面要求的提高，传统燃煤燃柴式因环境污染严重而逐渐被其他方式所取代。当前生产线中主要烘干设备有燃气式、燃油式和电热式烘干设备。其中电热式烘干设备因单位能耗及企业变压器装机容量限制，虽具有干净、清洁、操作方便优势，但热效率低、运行成本较高，故一般多为中小型烘干设备，适于中小产量生产。而燃油式烘干机因具有能耗低、能量利用率高，易于精确控制温度、生产效率高，劳动强度低的特点。在目前得到较为广泛应用，属于今后符合清洁化、连续化、标准化、节能型生产线要求的设备。

燃气式烘干机除了因其燃料储存运输不如燃油式方便，安全性低于燃油外，其设备基本结构、原理与燃油式大同小异，不另行说明。

一、茶叶连续烘干机

当前生产线所用烘干机均为连续式烘干，具有分层进风，自上而下翻动下落，烘干各阶段运动速度不同，并为可调，烘干机底部均设有自动清扫漏叶装置（图5-7）。

1. 结构

图 5-7　燃油式茶叶烘干机

（1）输送装置。传动齿轮、链条、轴、轴承座、主动链轮、被动链轮、多组输送链及棚片（百叶板）组成输送系统，主要作用使在制品茶从上料部位传送至出料口，并在期间通过自上而下换向同时完成翻叶。经调节电机转速达到调节烘干时间的目的。

（2）匀叶装置。直流调速电机、轴承、轴承座、蜗轮蜗杆及同步轴、手轮，匀叶拨片组成，匀叶系统通过调节电机转速达到改变匀叶拨片转速。摇动手轮使之正转或正转改变匀叶拨片与棚片（百叶板）间距离，以改变上叶厚度。

（3）烘箱体及分层进风导向装置：由型钢、钢板加工成的长方形箱体，双层钢板中间为保温材料，隔热保温并两侧有活动观察门，后端设全断面观察控制门，热风由后上端进入，并经固定在后端上方的导向板，将热风按比例送入各层，使热风温度及风量符合加工要求，在箱板两侧对称设有各条导向板，用于支撑输送链及棚片（百叶板），并在前后端各有缺口以便棚片（百叶板）翻转，使在制品进入下层。

（4）动力源及调速、减速、传动分系统：由转速表、调速电位器、调速控制板、励磁式直流电机及电机皮带盘、蜗轮蜗杆式减速机组成。提供烘干机输送装置动力以及通过调节电位器改变控制板输入。进入改变励磁式直流电机的励磁电压电流使电机输出转速改变，并使电机在各转速下输出扭矩基本接近。

（5）热源及热交换送风变量系统：燃油室、燃烧机、空气交换器、排烟管、直流调速电机、传动皮带、皮带盘、风叶轴、风叶、轴承座及风机箱、保温外罩及交换器箱体组成。由燃烧机在交换器内经燃烧雾化柴油（或天然气）产生热量。由风机箱吹来的低温空气经过交换器产生高温热风进入烘干机箱体。由调节直流电机转速而达到改变进风量目的。

（6）温度测量与反馈控制系统：主要由高灵敏型温度传感器、智能型温控仪组成，通过对温控仪内部参数设置，使系统具备对热风温度稳定的控制，主要参数有温度回差设置、滞后时间、输入类型、比例周期等。

2. 常见故障与排除

（1）水闷味较重，茶叶色泽暗或发黑，干燥不均匀。主要原因有风量偏小，造成烘干机箱内空气湿度过大，提高风机转速，加大热风风量即可。投叶量过大，同样会使箱体内湿度过大，提高风机转速，加大热风风量即可，以及检查温度偏高、烘干时间太长等。

（2）排烟管有黑烟或有油味。主要有进风量过大或过小，造成燃烧不完全，调节风门大小即可。进油管路漏油进空气或滤清堵塞，造成供油压力不足雾化不良（压力表压力应为 8～11kg）以及喷油嘴卡滞造成雾化不良燃烧不完全（在燃烧正常工作时断油进空气，会使喷油嘴缺油失去润滑和散热，造成配合面拉毛或卡滞）以及在柴油中有水亦会有此后果。

（3）热风风量小或无风。检查电机是否工作，传动皮带是否打滑，风机轴轴承是否因润滑不良卡死，或风叶卡死，进风扣是否被覆盖或堵住。如电机不工作，检查保险管是否断开，调速旋钮是否手感较轻或可连续转圈，如有此现象，则调速电位器坏，更换即可。如正常则测量调速电路板励磁输出电压是否随调速电位器转动而变化。如无输出电压或输出电压较低则为调速电路板故障，可更换调速电路板解决。如调速电路板电枢输出电压及励磁输出电压均正常则为电机故障，可检查电机碳刷接触是否良好。如励磁线圈断路，则一般表现为电机转速在最高转速且无法调速，并电机噪音较大。

（4）开机后输送链不走或走速不稳。先检查开机后电机是否启动，以及电机噪音是否正常。如电机启动但输送链不走则检查传动链及减速机是否正常，有无卡滞，以及各层输送链及棚片（百叶板）间有无异物卡住或棚片（百叶板）变形以及由于棚片（百叶板）与输送链间活动不灵活造成卡死，进而在转弯处与箱体卡位造成输送链不走。输送链轮由于固定力不足横向移位也会造成输送链与箱体卡死。减速机齿轮油缺少或无油会造成齿轮箱卡死。以及检查左右两侧输送链松紧度是否相同，如过松或过紧均需通过移动轴承座位置调整至合适。

电机电路部分同上，内容不再重复。

（5）匀叶装置摇不动，无法调节上叶厚度。此问题一般为两侧蜗轮蜗杆及螺杆润滑缺少引起，润滑后即可解决。

（6）实际热风温度波动较大或到设定温度后热风温度仍持续上升。出现此问题主要为回差设定过大或滞后设定时间过长引起，应重点检查温度控制仪内部参数，或重新设定参数。

二、茶叶炒干机

茶叶炒干机的常见故障与排除方法，在本章第三节中已详细说明，此处不再赘述。

在部分名优绿茶自动生产线中会采用 80 型滚筒杀青机用于条形茶如香茶（一种浓香型炒青绿茶）的循环滚炒，使茶条既紧直成条又干燥，形成这类茶特有的高香或浓香。实际操作中，常见故障的表现形式与该设备用于杀青时基本相同，操作者要特别注意循环输送设备工作状况，一旦出故障可参见本章第五节输送设备常见故障与排除。

第五节　输送设备常见故障与排除

输送设备是指茶叶加工自动化生产线中两相邻加工工序间输送原料连接的连接

设备，对在制品茶输送流量、流速及冷却都有一定的要求。良好的输送设备能够满足生产流水线的在制品茶合理输送的同时，能够保持输送物料清洁卫生，不挂叶不漏叶，便于清扫。常用的输送设备有平皮带式输送机、平皮带提斗式输送机、平皮带耙齿式输送机、网带式输送机、提斗立式茶叶输送机、振动槽式输送机等。

一、平皮带各式输送机

1. 结构

平皮带各式输送机，主要包括：平皮带式、平皮带提斗式、平皮带耙齿式输送机，其主要构件有：输送带、电机、传动装置、驱动滚筒、张紧滚筒、托辊和机架等。为了传递必要的牵引力，输送带与驱动滚筒必须有足够的摩擦力。张紧滚筒以螺杆调节输送带与驱动滚筒之间具有足够的摩擦力，使输送带正常运转。平皮带上粘有提斗或耙齿可使输送机呈一定角度将茶叶提升输送到一定高度。

2. 常见故障与排除

（1）输送带不运行或输送带运行时快时慢。

① 输送带松弛与驱动滚筒的摩擦力不够：往外调整张紧滚筒或调节下托带滚轮组，张紧输送带；

② 传动链条（或传动三角带）松弛：调整电机位置，张紧链条（皮带），或更换链条（皮带）；

③ 检查：并清除输送机卡滞异物。

（2）输送带走偏。

① 主被动滚筒不平行：调整主被动滚筒使其平行。

② 输送带之间有积茶：粘在主被动滚筒上，使其直径变化（不圆、粗细不一致等）。检查并清理输送带间主被动滚筒上的积茶。

③ 输送带磨损左右长度不相等：调整主被动滚筒，同时结合调整下托带滚轮组，或联系厂家维修或更换输送带。

（3）机器运转噪声大。

①轴承内润滑油不足：添加 10 号机油或润滑脂；

②轴承钢球磨损破裂：更换轴承。

二、网带式输送机

1. 结构

网带式输送机是通过电机带动输送主轴，装在主轴上的一对牵引链轮带动牵引链条，在一对链条上装有若干托网档，输送网带固定在托网档上，随牵引链条的移动而移动，实现输送物料的目的。在输送网带的上方安装小风扇，又可对输送中的茶叶进行吹风冷却。所以，网带式输送机又称为冷却输送机。

2. 常见故障与排除

(1) 输送网带易被拉破。

① 检查网带：两边的牵引链条是否太松、左右链条松紧度是否一致。调节主被动轴的轴承位置，使牵引链条松弛适当、两边链条松紧一致。

② 检查托网档上扎丝（或压板上螺钉）是否缺损：扎丝（或压板上的螺钉）缺损会使网带的松紧度不一致。需要补扎丝（或补压板上的螺钉）。

③ 检查托网档是否脱落：托网档脱落会被拉弯直接绞损网带，这时需要拆下托网档校正，再装回去。若无法校正，需厂家配送（整机缺1～2根托网档可短期使用）。

(2) 输送网带不运行或输送网带运行时快时慢。

① 检查牵引链轮是否磨损严重：牵引链轮严重磨损会导致跳齿、脱链，这时需要更换链轮（成对更换）。

② 检查电机轴到输送机主轴间的传动链条是否太松：传动链条太松会导致跳齿、脱链。调整电机位置拉紧传动链条。

③ 检查被动轴两边的牵引链轮处是否有堵茶现象：有堵茶会填满牵引链轮，使链轮齿不圆，导致输送网带运行时快时慢，这时需要清理机械内的积茶。

三、提斗立式茶叶输送机

1. 结构

提斗式输送机主要构件有：料斗、牵引构件、张紧装置、驱动装置和外罩等。利用料斗作为输送物料构件，可垂直传送茶叶。牵引构件常有胶带和链条两种结构形式。驱动装置位于提升机上部，有电机、传动装置、驱动滚筒（胶带牵引式）和链轮（链条牵引式）。张紧装置一般采用螺杆式。

2. 常见故障与排除

(1) 提斗掉下来。提斗掉下来后，一般是报废了，需要更换。更换提斗前需要做以下工作。

① 胶带牵引式提升机检查提斗与外罩是否刮擦：如果有刮擦，则牵引胶带已经走偏。需要调节张紧装置的螺杆，以校正牵引胶带。

② 如是胶带牵引式提升机：检查提斗与牵引胶带的连接螺钉（铆钉）是否

脱落。

③ 如是链条牵引式提升机：检查牵引链条是否太松或两边的牵引链条松紧度是否一致。调节张紧装置的螺杆（提升机下部的 T 形轴承）可调节牵引链条的松紧度。

④ 链条牵引式提升机：需要检查链条上装提斗的长销是否断损或脱落。

⑤ 检查清理提升机内的积茶和茶尘：根据具体情况，每班需要清理。

（2）机器运转噪声大。

① 胶带牵引式提升机：检查提斗与外罩刮擦声，检查提斗是否变形，牵引胶带是否走偏。

② 检查各轴承及传动件润滑是否不足：可考虑添加 10 号机油或润滑脂。

③ 检查减速机润滑是否不足：按减速机使用说明加润滑油。

④ 检查各轴承是否有异常响声：有异常响声则由钢球磨损破裂引起，需要更换该轴承。

四、振动槽式输送机

1. 结构

振动槽式输送机结构简单，曲柄连杆式振动槽输送机，它通过偏心轮的连续回转使连杆端部作往复运动，从而带动槽体沿一定方向作近似于直线的振动。电磁式振动输送机，它由电磁铁驱动，振动频率较高。支承槽体的连接件是弹簧板。

2. 常见故障与排除

振动槽式输送机常见故障包括振动不均匀或有噪声。

（1）检查偏心轴和振动轴（槽体底部与连杆连接的轴）上的轴承座螺栓是否松动。轴承座螺栓松动会使偏心轴和振动轴偏位，槽体运动不规则产生噪声。及时拧紧螺栓并调正各轴位置。

（2）检查连杆与偏心轴是否垂直。连杆与偏心轴不垂直时，槽体运行就不规则，各弹簧板受力不均匀，产生噪声。连杆与偏心轴垂直度是调节连杆与振动轴结合处的相对位置。

（3）检查偏心轴上的轴承或振动轴上的轴承（在连杆两头）。是否缺润滑油，如缺则需加注润滑油。

（4）检查偏心轴上的轴承或振动轴上的轴承。是否损坏，如损坏则需更换轴承。

（5）检查弹簧钢板的固定压板是否压紧。弹簧钢板固定压板没有压紧会使槽体运行不规则产生噪声，要求压紧全部固定压板。

（6）检查机架上地脚螺栓是否松动。地脚螺栓松动，会使振动槽输送机整机振动，产生噪声，紧固全部地脚螺栓。

第六节　生产线控制系统常见故障与排除

一、生产线控制系统组成

名优绿茶自动化生产线控制系统包含 1 个控制中心和多个控制模块，由控制中心对功能模块进行集中控制，模块之间通过 CC-Link 现场总线进行功能交互（图 5-8）。

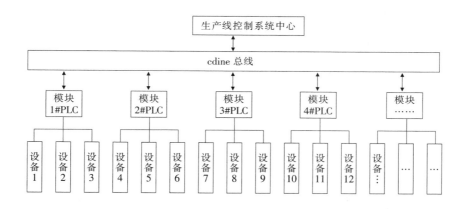

图 5-8　名优绿茶自动化生产线整体控制构架

二、生产线常见故障检查与排除

生产线的一般故障基本发生在线控单元和子控单元。

线控单元

线控单元分为：PLC 模块部分、外围电路部分。

（1）PLC 模块故障。PLC 模块故障基本上可分为早期故障和正常使用故障。早期故障就是设计调试过程中存在的设计缺陷、程序错误、硬件失效等故障，这些故障有的是因为在设计编程中漏编或编程时误操作、有的是因为调试过程中误修改或是人为过失调试后未能从可编控制器中擦除调试或试验程序，导致用户程序出错或与用户程序相冲突等。

关于用户程序的错误，一般在调试过程中就可发现和解决，其他的一些只要遵循操作规程和 PLC 的系统说明，搞好日常维护，都可以逐步解决。调试过程中常见的错误和早期故障以及可能产生的原因和相应措施见表 5-1。

表 5-1　用户程序在调试中早期故障及维修措施

故障单元	现象	可能原因	维修措施
CPU	系统配置错误	系统配置表 DX0 与系统配置不符	修改系统配置表 DX0
CPU	程序非法指令	输入程序时误码或错误设计	修改该指令的程序
CPU	程序容量超设定值	中央处理器 CPU 碎块太多	删除程序
CPU	程序编号无或重复	误设计或误码	修改程序
CPU	程序功能失效	设计遗忘或编程输入错误	输入或修改程序
CPU	程序执行超时	程序无 END 语句或硬件模块失效	修改程序，更换硬件模块
存储器	用户程序出错或丢失	系统备份电池电压低或存储模块失效或 EPROM 受干扰	更换备份电池，更换存储模块，重新输入程序

正常使用故障主要是指在名优绿茶自动化生产线投入正式生产后，PLC 控制系统由于硬件的失效、维护保养工作不及时或不当、正常的元件使用寿命等原因引起的故障，导致 PLC 控制系统的故障报警或出错，引起生产线的停产。PLC 故障主要包括中央处理器 CPU 和存储器、电源模块、I/O 输入输出模块等方面。引起上述硬件损坏或故障的原因主要有日常运行维护不及时或不当、外部的配电网不理想、生产线的接地不够良好、操作不当等。及时的维护保养和维修，就能防止和避免该类故障的发生。在表 5-2 中详细列举了上述 PLC 控制器方面的常见硬件故障，并列出可能的原因及维修措施。

表 5-2 PLC 控制系统常见硬件故障及维修措施

故障单元	现象	可能原因	维修措施
电源单元	电源不通	熔丝熔断或无电	检查熔丝和配电系统
电源单元	熔丝重复熔断	电路板短路或烧坏，配电电压超差	更换电源板、检查配电电压
电源单元	电池指示灯熄灭	备份电池电压太低	更换备份电池
电源单元	风扇报警	风扇太脏或烧坏	清理风扇或更换
电源单元	电源无电压输出	电源单元损坏或输入输出模块负载偏大	更换电源单元，检查输入输出模块
CPU	运行灯不亮	无电源或无程序	检查电源单元和存储模块
CPU	CPU 超时错误	用户程序故障，外部模块故障	根据表 5.1 检查用户程序及外部模块
CPU	运行无输出	I/O 模块故障	逐个检查 I/O 模块
存储器	CPU 工作正常单无输出	存储器中无程序，无输入电压或电压太低	检查备份电池，重新输入程序，检查输入电压，重新连接端口和螺丝，更换 I/O 底板。
I/O 模块	所有的 I/O 不工作	连接端口连接不良，I/O 总线故障	
I/O 模块	I/O 指示灯不亮	无输入输出或指示灯不亮	检查程序和系统，检查指示灯更换 I/O 模块或修改程序到好的点
I/O 模块	某些 I/O 口不工作	I/O 点损坏	
I/O 模块	两个 I/O 点只能同时开和关	两点间短路	
I/O 模块	输出不稳定	输出电路故障或输出电压不够	检查输出电路，检查驱动电压
I/O 模块	I/O 点时好时坏	端子连接不良；模拟量输入输出受干扰	更换或旋紧连接端子，检查模拟量输入输出的回路及接地状况

（2）外围电路故障。一般而言可变控制器 PLC 本身的故障较为直观，易于检查，而外围电路的故障须借助于编程器及其他工具，以及熟练掌握一定的茶叶生产工艺知识，外围电路的故障在总的故障中占据 60％以上的故障率。

外围电路故障一般可分为元器件损坏、电路连接不良、由于干扰导致信号错误及其他的一些相关故障。这些故障一般都要通过编程器与可编程控制器 PLC 连接通过实时信号流程，检查出输入输出点的故障所在，然后再检查与此点相关的外围电路。

① 元器件损坏故障：由于元器件本身的使用寿命和出厂时的失效率，及现场环境情况和维护水平均影响元器件的使用寿命，可导致可编程控制器的报警与停机。因此，可根据人机对话界面的报警信息及自身的维修经验，迅速在编程器

中找到故障点，再根据该故障点检查相关的元器件。另外需要做好数据的整理和统计工作，对易损坏的元器件做好统计，提前备好并重点检查，就可避免此类故障的发生。

②　外部连接不良等故障：此类故障较难发现，一旦发生时，可用编程器及相关工具检查 I/O 点，确定外围电路后再检查连接情况，同时注意日常的维修保养。

对于扁形茶生产线 GMP 控制系统来讲，系统的接地非常重要。一般而言，配电接地只需要满足 4Ω 以内即可，但由于可编程控制器 PLC 存在许多小信号传递，任何干扰对 PLC 模拟量输入输出都会铸成错误甚至系统的崩溃。然而此类故障一般较难发现和判断，所以系统的接地电阻应满足小于 1Ω 以内，这样就能避免干扰引起的故障。

三、控制系统故障排除流程

名优绿茶控制系统 PLC 模块，PLC 由很强的自诊能力，当 PLC 出现自身故障或外围设备故障时，都可用 PLC 上有的诊断指示功能的发光二极管的点亮和熄灭查找。

1. 控制系统 PLC 模块总体故障排除

根据总体检查流程图找出故障点的大方向，逐渐细化，以找出故障点，如图 5-9 所示。

图 5-9　PLC 总体故障排除流程

2. 电源故障排除

电源灯不亮需对供电系统进行检查，检查流程如图 5-10 所示。

3. 输入/输出故障诊断排除

输入/输出是 PLC 与外部设备进行信息交流的通道，其运行是否正常与输入器件被激励（即现场原件已运作）有关。若指示器不亮，下一步就应该检查输入端子的电压是否达到正常的电压值。若电压值正确，则可替换输入模块。若一个 LED 逻辑指示器变暗，而且根据编程器件监视器、处理器未识别输入，则输入模块可能存在故障。如果替换的模块并解决问题，且连接正常，则可能是 I/O 机架或通讯电缆出问题了。

出现输出故障时，首先应查看输出设备是否响应 LED 状态指示器。若输出触点通电，模块指示器变亮，输出设备不响应，那么，首先应检查保险丝或替换模块。输入输出故障排除具体如图 5-11。

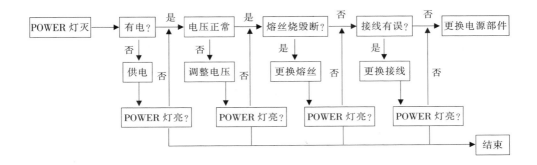

图 5-10　PLC 电源系统检查流程

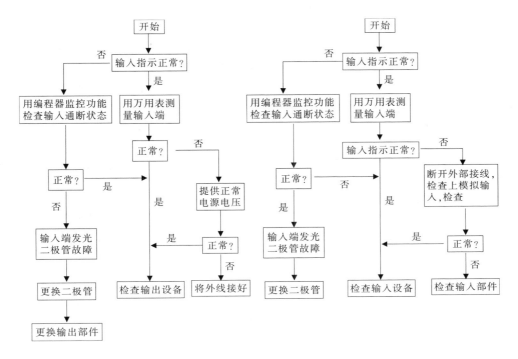

图 5-11　输入输出单元检查流程

四、生产线控制系统故障诊断与排除实例

杭州千岛湖丰凯实业有限公司生产制造的 6CCB-15 型扁形茶自动化生产线具有生产速度快、自动化程度高，运行性能稳定等特点。但是，生产线控制系统发生故障，将会给茶叶加工企业带来很大的损失。

6CCB-15 型扁形茶自动化生产线的线控制单元是以三菱可编程控制器 FX-2N PLC 为核心的。通过它控制生产线中的各种核心设备、测量设备及子控单元的协同工作，如控制 6CST-50 电滚筒杀青机、6CSZ-2000B 理条机、6CHC-6 推晾回潮机、6CCB-784 扁形茶炒制机组等主要的设备的生产、控制参数的传递，以及各个单元的故障监控等，同时又协调与智能化人机界面的对话。三菱 FX-2N 系列 PLC 具有结构灵活、传输质量高、速度快、高效稳定等特点，但是，由于设计或维护等原因，不可避免地存在软件硬件或者外围系统的故障，而且它的任何故障都有可能直接导致生产线停止运转，及关键设备零部件的损坏，所以及时检查和排除故障尤为重要。三菱可变控制器 FX-2N 由 CPU、I/O 输入输出模块、电源模块、编程器及外围电路所构成。从故障的阶段性可分为，FX-2N PLC 的早期故障和正常生产过程中的常见故障。

1. 鲜叶提升及滚筒杀青机模块故障诊断与排除

在 6CTZ-3900 提升机与 6CSZ-50 滚筒杀青机模块中，可能由于 K 型传感器位置的原因、传感器与 PLC 控制器通讯线路的故障、漫反射开关与 PLC 不通讯或者继电器、变频器的原因造成滚筒温度升不上去，提升机不启动，滚筒不转动，鲜叶提升机无鲜叶一直转等，具体发生的故障及诊断方法如表 5-3 所示。

表 5-3　鲜叶提升及滚筒杀青机模块故障诊断与排除

故障现象	可能原因	维修措施
滚筒温度上不去	电热板烧坏	检查电热板，用万用表测试
滚筒温度过高	K 型传感器位置不正确、K 型传感器烧坏、传感器与 PLC 通讯故障、程序错误	1. 检查传感器与锅体位置 2. 用万用表测量传感器 3. 检查传感器与 PLC 的通讯 4. 检查程序
滚筒一直升温	PLC 与继电器不通，或者继电器烧坏	万用表测量 PLC 与继电器线路
鲜叶提升机不动	PLC 与 GMP 通讯故障，GMP 未给 PLC 启动 HZ。PLC 与变频器通讯故障	检查 PLC 与 GMP 之间的通讯线路是否故障；检查变频器是否频率
GMP 参数运行参数不显示	GMP 与 PLC 的通讯线路有问题	检查 GMP 与 PLC 之间的通讯

续表

故障现象	可能原因	维修措施
有茶鲜叶，提升机不动	漫反射光电开关失灵、漫反射光电开关与PLC通讯故障、漫反射光电开关位置不对	1. 检查光电开关是否有用 2. 检测光电开关与PLC的通讯 3. 检查光电开关与茶青叶的距离

2. 连续理条与风选模块故障诊断与排除

在 6CSZ-2000B 理条与 6CF-50 风选模块中，可能会由于 K 型传感器的问题、漫反射开关、PLC 等因素造成滚筒杀青后叶子进入理条机后，理条机速度不变，温度过高，理条机槽锅烧坏，1900 提升机不动、50 风选机不运转等问题，造成上述问题的，基本情况如表 5-4。

表 5-4　连续理条与风选模块故障诊断与排除

故障现象	可能原因	维修措施
理条机速度不变	光电开关失灵、光电开关与 PLC 通讯故障	用万用表检查光电开关及通讯
理条机槽锅温度一直上升	电热管温度偏高、温度传感器失灵	检查温度传感器位置，调节传感器
1900 提升机不动	PLC 与 1900 提升机通讯故障	测量 PLC 与 1900 提升机电机是否有信号，检查继电器、接触器
50 风选机不动	PLC 与 50 风选机通讯故障	测量 PLC 与 50 风选机电机是否有信号，检查继电器、接触器
理条机温度上不去	电热管烧坏、断路	用万用表测量电热管线路

3. 推晾回潮与二次理条模块故障诊断

在 6CHC-6 推晾回潮机与 6CSZ-2000B 理条机模块中，可能会由于 CCD 陈列探测器与 SSY-Z 在线水分检测仪的通讯故障、SSY-Z 在线水分检测仪与 PLC 的通讯故障，造成 6CHC-6 推晾回潮效果不明显，二次理条条索理不好，茶叶含水量过低、含水量过高等问题，具体情况见表 5-5。

表 5-5　推晾回潮与二次理条模块故障诊断

故障现象	可能原因	维修措施
冷却回潮机电机不转	光电开关是否有通讯、位置是否正确	检查光电开关及光电开关的位置
摊晾不充分	电机转速太快	检查 PLC 与模拟输出机构的通讯、电机是否烧毁
	鼓风机不转	检查 PLC 与模拟输出机构的通讯、电机是否烧毁

故障现象	可能原因	维修措施
回潮不充分	电机转速太慢	检查 CCD 陈列探测器与 SSY-Z 在线水分检测仪是否通顺正常及 SSY-Z 水分检测仪与 PLC 之间的通顺是否正常
	SSY-Z 在线水分检测仪失灵	检测 CCD 陈列探测器是否正常

4. 多工位自动分配机与自动称量投料模块故障诊断

在多工位自动分配机与自动称量投料模块中，主要是通过多个光电开关控制，PLC 统一协调完成的一系列的动作。但是，往往由于光电开关的某些故障或者是光电开关与 PLC 的通讯故障造成动作无法执行，具体情况表 5-6 所示。

表 5-6　多工位自动分配机与自动称量投料模块故障诊断

故障现象	可能原因	维修措施
鲜叶提升机及其他设备不动	提升机前的光电开关故障或者位置不对	调整光电开关位置、用万用表测量光电开关是否正常
多工位自动分配机投料不多就走	参数设定错误	进入 GWP 系统中对多工位分配机的入料时间进行重新设定
多工位投料机入料后不走	编程错误	用可编程软件进入 PLC 进行程序修改
多工位投料机投料不足	参数设定错误	进入 GMP 对分配机投料时间重新调整
多工位投料机投料后不走	编程错误	用可编程软件进入 PLC 进行程序修改
自动称量投料机没茶叶，多工位投料机不加料	1. 自动投料机光电开关故障或位置不对。2. 光电开关与 PLC 通讯故障	1. 检查自动投料机光电开关、调整开关位置 2. 检查光电开关与 PLC 的 X0 点的通讯是否正常，X0 点 LED 指示灯是否亮

5. 自动称重投料及炒制模块故障诊断

在自动称量投料和炒制模块，可能由于系统对参数的设定错误，或者炒制机系统参数设定错误，造成称量不准确、茶叶炒制形状不好、茶叶不出锅、出门电机不转等现象，具体情况如表 5-7。

表 5-7　自动称重投料及炒制模块故障诊断

故障现象	可能原因	维修措施
自动称量投料机不投料	投料电机故障	检测是否电机是否通电
投料称重不准确	投料称重秤不灵敏或参数设置错误	调整秤的灵敏度或进入 GMP 系统进行修改参数
炒制机炒制不同步	GMP 系统设定炒制起始位置不对	进入 GMP 系统重新调整抄手的起始位置
茶叶炒制不好	温度传感器故障、温度传感器与 PLC 通讯故障、压板压力调节不够	测试温度传感器是否正常，测试温度传感器与 PLC 控制器之间的通讯是否有问题，进入 GMP 系统查看参数设定是否正确
出茶门电机不开	开门电机没电、或者开门电机无指令	检测开门电机是否有点，自动控制系统是否有信号

参考文献

[1] 韩兵．PLC 编程和故障排除 [M]．北京：化学工业出版社，2009.

[2] 谭俊峰，林智，李云飞，等．扁形绿茶自动化生产线构建和控制研究 [J]．茶叶科学，2012，32（4）：238-288.

后　记

出版《名优茶连续自动生产线装备与使用技术》一书，主要有两个原因，一是浙江省科技厅、浙江省农业厅联合推进"浙江省'十二五'农业重大成果转化工程——浙江省十县50万亩茶产业升级转化工程"项目实施，建成了30余条名优绿茶连续化自动化加工核心示范生产线，出于集成项目成果而更好地为我国名优茶加工全面升级服务的考虑。二是出于凝聚茶叶科研、教育、生产、机械等方面著名专家团队集体智慧为行业服务的考虑。本人从事浙江省茶产业管理三十年，见证了名优绿茶加工从单纯手工、单机作业、部分连续到实现全程连续化自动化的发展进程，在深深感受这一变化来之不易之余，也深切体会到当前我国茶叶加工从茶厂、车间的设计到工艺技术路线的确定，从设备的配置、调试到生产线的操作、维护，以及生产紧急事故应对预案处置等全面系统技术指导的迫切需要，同时也基于团队专家们愿为加快推进我国名优茶加工向自动化连续化加工升级做点事的强烈共识，促发了著作此书的动机。

本书是集中了中国农业科学院茶叶研究所、中华全国供销合作总社杭州茶叶研究院、浙江大学等茶专业科研教育机构和浙江上洋机械有限公司、浙江绿峰茶叶机械有限公司、余姚市姚江源茶叶茶机有限公司、浙江丰凯茶叶机械有限公司等一批锐意进取的茶机生产企业参与的教授专家团队的集体智慧，历时四年研发并得到实际生产检验成果的全面反映。全书共分为五章，其中，主要撰写人分别为：概述由罗列万撰写，第一章、第二章第一、第二、第三、第六节和第四章第二、第五节由唐小林主笔，第二章第四节和第五节由叶阳主笔，第二章第七和第八节由龚淑英主笔，第三章、第四章第一、第四节、第五章第二、第四节由王岳梁撰写、第四章第三节和第五章第六节由苏鸿主笔，第五章第一节由封晓峰所写、第五章第三、第五节由蒋建祥所写；另外唐小林小组在本书通稿，金晶在协调联络、组织拍摄、资料整理、书稿初审等方面做了大量工作，特此后记说明。

本书能顺利面世，首先感谢浙江省科技厅、浙江省农业厅有关领导的支持，感谢本项目首席科学家中国农科院茶叶研究所鲁成银研究员的鼓励，感谢浙江绿剑茶业有限公司马亚平先生为本书提供大部分珍贵照片，同时还要感谢汤一、范起业、董春旺、朱宏凯、李文萃、邱庆阳、刘飞、张坚强、黄藩、桂安辉、谷兆骐、徐鹏程、刘婉琼、李春霖等团队成员在生产试验、数据采集、工艺测试、资料分析、装备制图、文字校对等诸多方面的辛勤付出。

我期望本书能够犹如一股春风吹进茶机行业和茶叶加工领域，能作为茶学专业学生学习茶叶机械的辅助参考书之一，能对茶科技推广部门与茶叶产业管理工作者推进加工升级有所帮助，能给广大茶叶生产企业与加工技术人员有益参考。由于编写时间紧迫和撰著水平的局限，本书不当之处敬请批评指正。

罗列万

2015 年 7 月